設定協力 土屋 健

KADOKAWA

恐竜ハンターになろう！

恐竜ハンターの世界へ、ようこそ。
私たちは、新時代の「恐竜ハンター」集団だ。
タイムマシンに乗って、恐竜の時代へ行き、
恐竜を捕獲して、くわしい調査や研究を行っている。

そう、私たちがハントするのは、化石じゃない。
本物の「生きた恐竜たち」だ。

私たちに会いに来たということは、君は恐竜を捕まえることに興味があるんだね。
君が「恐竜ハンター」として、私たちのなかまに加わるためには、
まずはいくつかのルールを知ってもらわなくちゃならない。

恐竜ハンターの心得

一つ、
恐竜はできるだけ**傷つけないこと**。私たちの目的はあくまで調査と研究だ。捕獲するときに恐竜を傷つけてしまった場合は、医師がていねいに手当てをするが、できるだけケガをさせない作戦を立てるように。

一つ、
恐竜を捕まえる作戦には、人間の協力者を**何人使ってもいい**。なかまと協力し合いながら恐竜ハントをしよう。

一つ、
人間と協力できる恐竜を、**恐竜ハントのパートナー**（なかま）にしてもいい。ときには恐竜の力を借りることが捕獲成功のカギになるだろう。

一つ、
恐竜を捕まえるために、**現代の便利アイテム**をもっていってもいい。ただし、アイテムの殺菌は必ず行うこと。もしも現代の病原菌やウイルスが白亜紀の世界に広がって、恐竜が現代の病気になったら大変だからだ。

それでは、タイムマシンに乗りこみ、「恐竜の時代」へ向かおう！

「白亜紀」に着いた!!

あいさつがおくれたね。
私は恐竜博士。
白亜紀の世界に作られたこの基地にくらし、恐竜ハンターたちとともに恐竜の捕獲作戦を立てている。
私のパートナーのデイノニクスのように、捕まえた恐竜たちの保護もこの基地でしている。

恐竜は手強いぞ。
1億6000万年にもわたり地球を支配し、進化し続けた恐竜たちは最強の生き物だ。するどいキバや爪があるし、人間なんてひとひねりにしてしまうパワーをもったものもいる。
恐竜ハンターのミッションには、つねに命の危険がつきまとうってことを忘れちゃいけない。

何？　恐竜たちに立ち向かえるか、不安になってきた？
だいじょうぶ。
君に最後のルールを教えよう。

恐竜ハンターの心得

一つ、
恐竜を捕まえるには、必ずターゲットの特徴と生態をくわしく知り、細かくしっかりした作戦を立てること。

恐竜がすばらしい進化をとげたように、人間だって進化の果てにゲットした武器がある。
もうわかっているね。
そう、「考える」ってことだ。生半可な作戦じゃ、かんたんに返りうちにあってしまうが……恐竜が大好きな君なら、きっとかれらを理解し、わたりあうことができるはず。
さあ、基地のドアを開けて、
白亜紀の世界へ飛び出そう！

目次

恐竜ハンター
～白亜紀の恐竜の捕まえ方～

この本の使い方

この本では、さまざまな恐竜や古生物の捕まえ方を説明します。「図鑑ページ」で、ターゲットとなる恐竜の生態や特徴を知って捕まえ方を推理したら、「捕まえ方ページ」に進んで君が立てた作戦といっしょだったか、ちがったか、確かめてみましょう。それから「なかまページ」に進むと、ターゲットの恐竜に近いなかまについても知ることができます。

図鑑ページ

もっと知りたい！マーク

このマークがあったら、138ページの「もっと知りたいコラム」を見てみましょう。恐竜や古生物のことをもっと深く知ることができる情報が見られます。

1　ターゲット情報

ミッションのターゲットがどんな恐竜・古生物なのかがわかります。

2　基本データ

ターゲットの大きさや食べ物、生息地などを知ることができます。

3　作戦会議

恐竜博士がターゲットの手強いところや弱点を教えてくれます。博士の言葉とアイテムをよーく見て、捕獲作戦を考えましょう！

4　化石をチェック！

実際に発見された化石の写真を見ることができます。

➡ 捕獲作戦を考えることができたら、次のページに進みましょう！

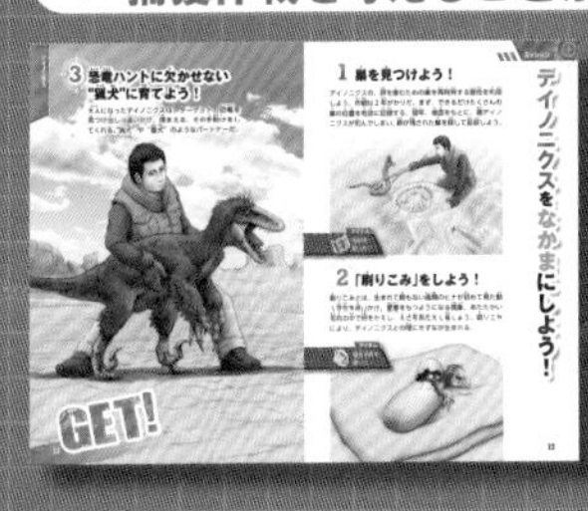

捕まえ方ページ

なかまページ

恐竜って何?

恐竜ってどんな生き物?

恐竜は、今から約2億年以上前に誕生し、さまざまな進化をとげながら世界中に広がって、地上を支配した生き物だ。恐竜はワニやトカゲと同じ「は虫類」のなかまだが、ほかのは虫類とちがうのは、後ろあしが胴体から真下にのびていること。恐竜と、現生のは虫類を正面から見くらべてみると、そのちがいがよくわかる。ワニやコモドオオトカゲは、あしが真下ではなく横向きにのびている。恐竜類と同じ時代に生きていたは虫類の翼竜類やクビナガリュウ類、モササウルス類も、後ろあしが真下にのびていないので、恐竜ではないのだ。ほかにも同じ時代には、人間の遠い祖先でもあるほ乳類や、アンモナイト類などもいた。恐竜は、たくさんの生き物とともに太古の生態系をつくっていたのだ。

前から見てみよう

ワニ

コモドオオトカゲ

恐竜(きょうりゅう)
DINOSAUR

竜盤類(りゅうばんるい)

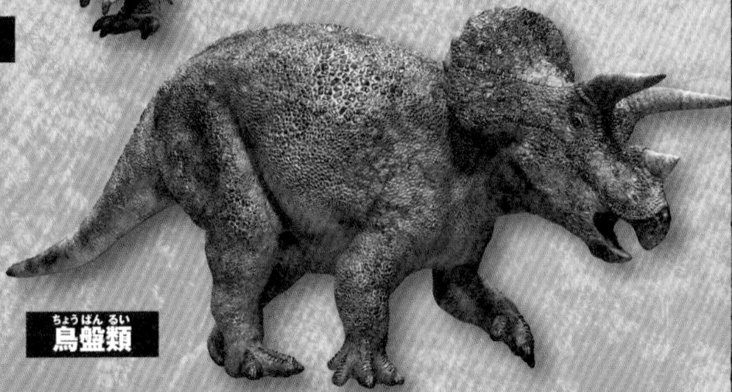

鳥盤類(ちょうばんるい)

恐竜(きょうりゅう)じゃない生(い)き物(もの)たち

ほ乳類(にゅうるい)

クビナガリュウ類(るい)

モササウルス類(るい)

アンモナイト類(るい)

翼竜類(よくりゅうるい)

恐竜って何?

どんな恐竜がいたの?

恐竜は、こしの骨である骨盤の形によって、大きく2つのグループに分けられる。恥骨が前向きで、現生のトカゲなどのは虫類の骨盤に似た形の骨盤をもった「竜盤類」と、恥骨が後ろ向きで、鳥の骨盤に似たように見える形の骨盤をもった「鳥盤類」だ。この2つのグループには、長い年月をかけて進化したさまざまな特徴をもつ恐竜がいるぞ。

竜盤類の骨盤

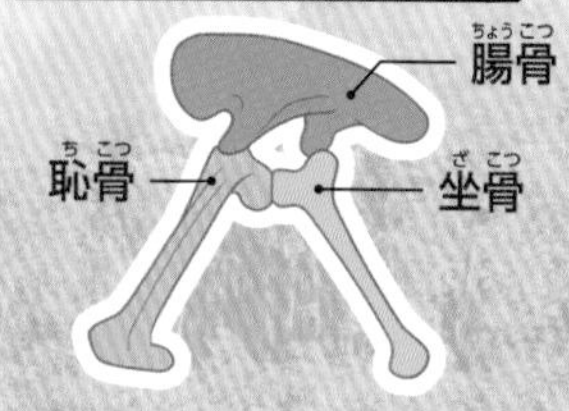

鳥盤類の骨盤

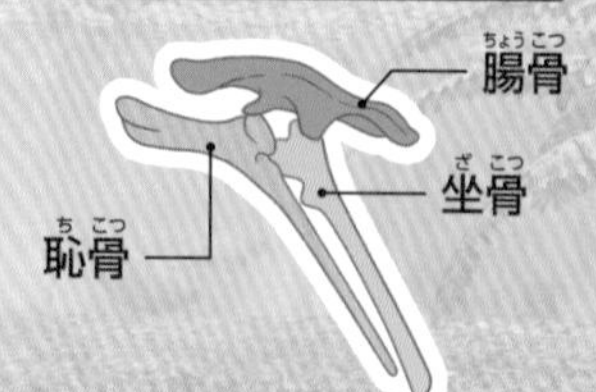

竜盤類

肉食が多い!

獣脚類

2足歩行で、とがった歯をもつ肉食恐竜が多い。羽毛をもつ恐竜も多く、鳥類もそのなかまから進化した。

鳥類

首が長くからだが大きい!

竜脚形類

もともとは2足歩行の小型恐竜だったが、進化するにつれて大きくなり、4足歩行の巨大な恐竜(「竜脚類」とも呼ばれる)になった。

鳥盤類

あごが進化！

鳥脚類

植物を食べるのに適した、平たいクチバシや、発達した歯やあごをもつ。2足歩行するものも、4足歩行するものもいた。

背中に板をもつ！

よろいで守る！

剣竜類

背中に「板」を、尾の先には「トゲ」をもつ。4足歩行で頭は小さく、クチバシを使って植物を食べていた。

よろい竜類

背中や肩が「よろい」におおわれている。尾の先に骨のコブをもつものもいた。4足歩行で、植物を食べていた。

角やフリルがある！

頭がかたい！

堅頭竜類

頭がヘルメットのようにかたくなっている。2足歩行で、植物を食べていた。

角竜類

角やフリル（えりかざり）を発達させたものがいる。2足歩行するものも4足歩行するものもいて、クチバシを使って植物を食べていた。

恐竜って何？

恐竜はどんな時代に生きていたの？

46億年前に地球が誕生してから、生き物は進化と絶滅の歴史をくり返してきた。恐竜が生きたのは、「中生代」という時代だ。恐竜が誕生した中生代の最初の時代、「三畳紀」の地球の陸地は、「超大陸パンゲア」という大きなひとつの大陸だった。「ジュラ紀」に入ると、パンゲアは少しずつ移動して、北のローラシア大陸と南のゴンドワナ大陸に分離した。「白亜紀」には大陸がさらに分かれ、現在の5大陸に近い形ができあがった。恐竜はそれぞれの大陸で独自の進化をとげ、種類と数をおおいに増やしたが、約6600万年前に地球に飛来した巨大な隕石のしょうとつによって、姿を消してしまう。

恐竜が絶滅する前の白亜紀にタイムトラベルして、恐竜たちの生態を調査しに行こう！

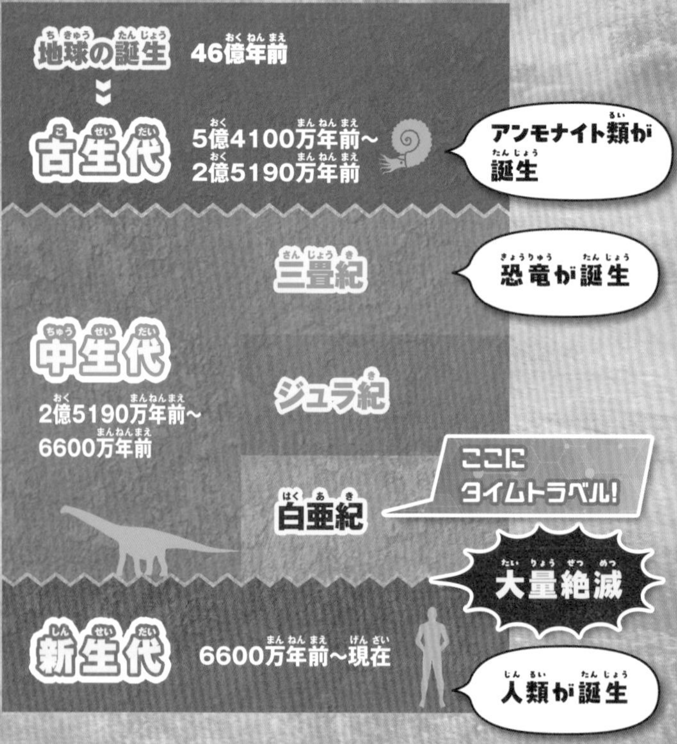

地球の誕生 46億年前

古生代 5億4100万年前〜2億5190万年前
アンモナイト類が誕生

中生代 2億5190万年前〜6600万年前
三畳紀
恐竜が誕生
ジュラ紀
白亜紀
ここにタイムトラベル！
大量絶滅

新生代 6600万年前〜現在
人類が誕生

白亜紀MAP

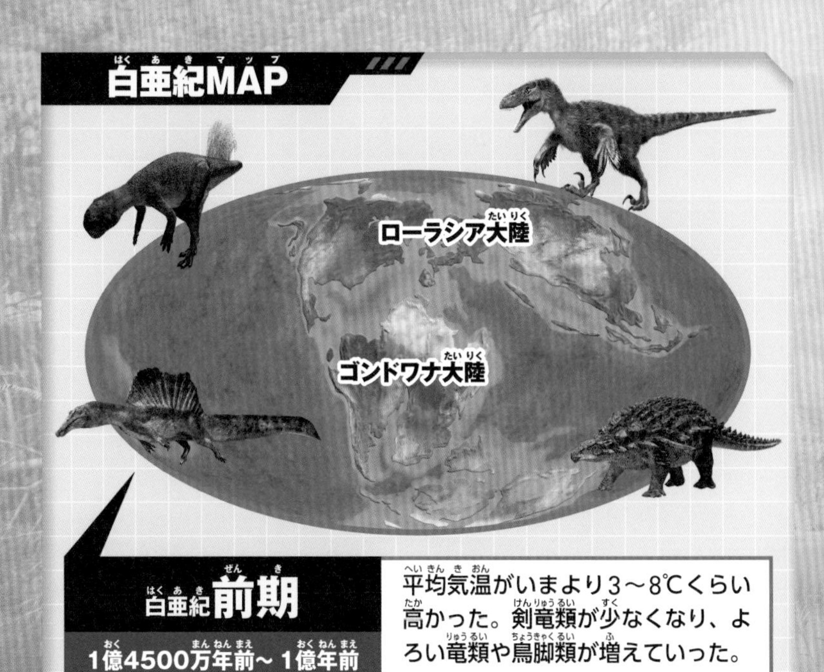

白亜紀前期

1億4500万年前～1億年前

平均気温がいまより3～8℃くらい高かった。剣竜類が少なくなり、よろい竜類や鳥脚類が増えていった。

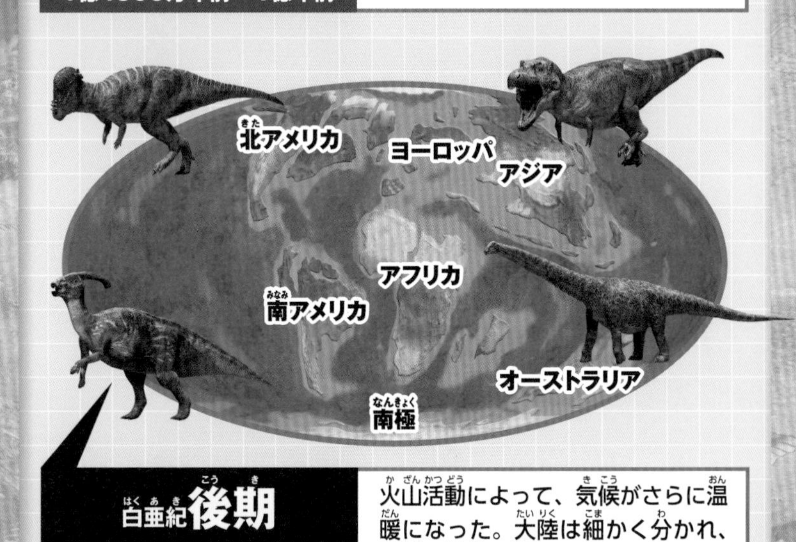

白亜紀後期

1億年前～6600万年前

火山活動によって、気候がさらに温暖になった。大陸は細かく分かれ、恐竜も種類が豊かになった。

GO!

白亜紀へ

これが白亜紀の世界だ！　今よりもあたたかく、植物がおいしげり、豊かな進化をとげた恐竜たちがくらすこの世界で、今はもう出会うことのできない生き物たちを捕獲し、その生態を調査しよう！

1章

なかま恐竜をGETしよう

恐竜の中には、人間に協力できる恐竜がいる。手強い恐竜を捕まえるために、すぐれた能力をもつ恐竜をなかま（パートナー）にしたい。捕獲してから飼い慣らし、“役割”をもたせよう！

“なかま恐竜”の役割はこれ！

“猟犬”代わりに

“馬”代わりに

におい成分を“おとり”に

“空からの調査”に

ITEM BOX

捕獲に使うアイテムはこれ!

恐竜を捕まえるために、現代から"便利アイテム"をもっていこう。恐竜の習性を知れば、どのアイテムを使い、どうやって捕獲するのか、推理できるぞ！

地図

電気毛布

たづな

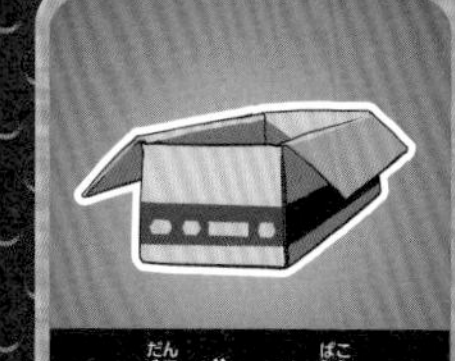

段ボール箱

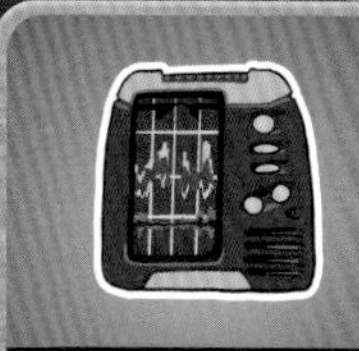

魚群探知機

ネットガン

ITEM BOX

ターゲット No. 1

デイノニクス

"高IQ"のスピードハンター

Check!

デイノニクスの頭骨。脳が入るスペースが大きい。

©神奈川県立生命の星・地球博物館

長い尾でバランスを取り、すばやく動く

捕獲レベル ★★★

Data

年代	白亜紀前期
分類	竜盤類　獣脚類
全長	3.4m
食性	肉食
学名の意味	「おそろしい爪」

高い知能と大きなカギ爪をもつ手強いターゲット。

後ろあし（第2指）にある大きなカギ爪が特徴的な小型の肉食恐竜。恐竜有数のすぐれた頭脳で獲物をハントし、強力なあしでおさえつけて、まだ生きているうちに食べはじめてしまう。ふさふさの羽毛や鳥類に似た骨格をもつが、それもそのはず、鳥類は、デイノニクスの属する獣脚類の生き残りなのだ。

生息地マップ

アメリカ

作戦会議

捕獲のポイント

- 真っ向勝負はさけるべし。
- 巣を再利用する習性に注目!

博士の言葉

デイノニクスに真っ向からいどんでも、逃げられるか、最長13㎝にもなるカギ爪でかえりうちにされてしまう。わなを使っても高い知能で見やぶられてしまうだろう。しかしデイノニクスの〝卵〟ならどうだろう?デイノニクスには毎年同じ巣に卵を産む習性がある。この生態を利用せよ!

アイテムボックス

地図

電気毛布

デイノニクスをなかまにしよう！

1 巣を見つけよう！

デイノニクスの、卵を産むための巣を再利用する習性を利用しよう。作戦は２年がかりだ。まず、できるだけたくさんの巣の位置を地図に記録する。翌年、地図をもとに、親デイノニクスが死んでしまい、卵が残された巣を探して回収しよう。

アイテム
地図を使った！

2 「刷りこみ」をしよう！

刷りこみとは、生まれて間もない鳥類のヒナが初めて見た動く存在を追いかけ、愛着をもつようになる現象。あたたかい毛布の中で卵をかえし、えさをあたえて育てよう。刷りこみにより、デイノニクスとの間にきずなが生まれる。

アイテム
電気毛布を使った！

3 恐竜ハントに欠かせない“猟犬”に育てよう！

大人になったデイノニクスは、ターゲットの恐竜を見つけ出し、追いかけ、捕まえる、その手助けをしてくれる。“猟犬”や“番犬”のようなパートナーだ。

ターゲット

No. 2

ガリミムス

ダチョウのような俊足ランナー

Gallimimus

骨格のつくりはダチョウのよう

恐竜界最速!?のスピードでかけぬける!!

Data	
年代	白亜紀後期
分類	竜盤類　獣脚類
全長	4m
食性	植物食
学名の意味	「ニワトリもどき」

驚異のスピードの秘密は後ろあしにあった!

速く走るために究極のボディを手に入れた「ダチョウ恐竜」のなかま。呼び名の通り、ダチョウのような骨格とクチバシをもち、長い2本のあしで走るが、大きさはダチョウの倍以上！自動車並みの速さの秘密は、あしの甲をつくる3本の骨。それぞれ太さと長さが異なるため、衝撃吸収能力が高い。

生息地マップ

モンゴル

作戦会議

捕獲のポイント

◆牧場での動物の飼い方を応用せよ！

◆クチバシやキックに注意。

博士の言葉

広い視界でつねに敵をうかがう警戒心をもち、群れでの行動を好むガリミムスは、現代の動物にたとえると、馬や羊のよう。牧場での動物の飼い方を応用せよ！　下手に近づけば、クチバシのつつき攻撃や、強力な後ろあしのキックをお見まいされる危険があるので、気をつけよう。

アイテムボックス

ディノニクス

たづな

ガリミムスをなかまにしよう！

1 デイノニクスと信頼関係を築かせろ！

まずは、飼いならしたデイノニクスをガリミムスに慣れさせよう。ガリミムスの群れとともにくらさせ、敵を追いはらったりして信頼関係を築かせよう。

アイテム
デイノニクスを使った！

2 デイノニクスを「番犬」代わりにしよう！

すっかり番犬として信頼を得たデイノニクスに、ガリミムスの群れを誘導させよう。デイノニクスは上手に走って、ガリミムスの群れを牧場に追いこんでくれる。

3 役割は"馬" ガリミムスを乗りこなそう！

牧場でガリミムスを飼い、ゆっくり時間をかけて、人に慣れさせよう。人がまたがって乗ることができるガリミムスは馬代わり。あしが速い、頼もしいパートナーだ。

アイテム

D たづなを使った！

ターゲット

No. 3

プシッタコサウルス

ほ乳類にも食べられていた恐竜

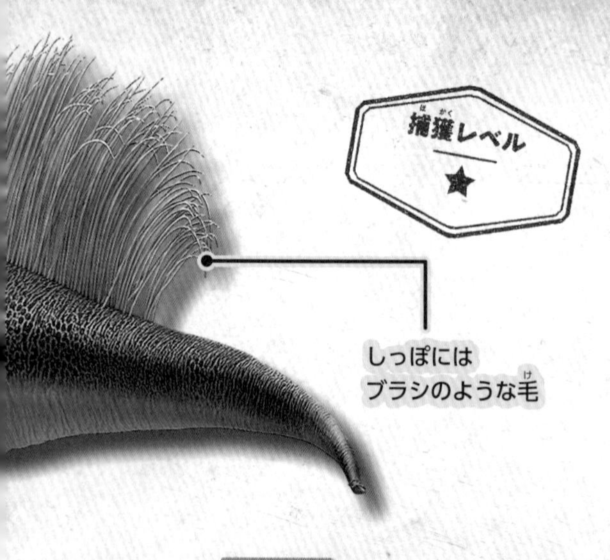

Data

年代	白亜紀前期
分類	鳥盤類　周飾頭類　角竜類
全長	1～2m
食性	植物食
学名の意味	「オウムトカゲ」

Psittacosaurus

恐竜だからといって、最強なわけじゃない。

トリケラトプスのように、大きな体と立派な角やフリルで身を守る角竜類もいるが、原始的な角竜類であるプシッタコサウルスは、体重が15kgほどと小さく、角ももたない。子どものときには、巨大なネズミのようなほ乳類、レペノマムスに食べられることもあったようだ。恐竜だからといって、最強なわけではないのである。

生息地マップ

モンゴル、
中国、ロシア

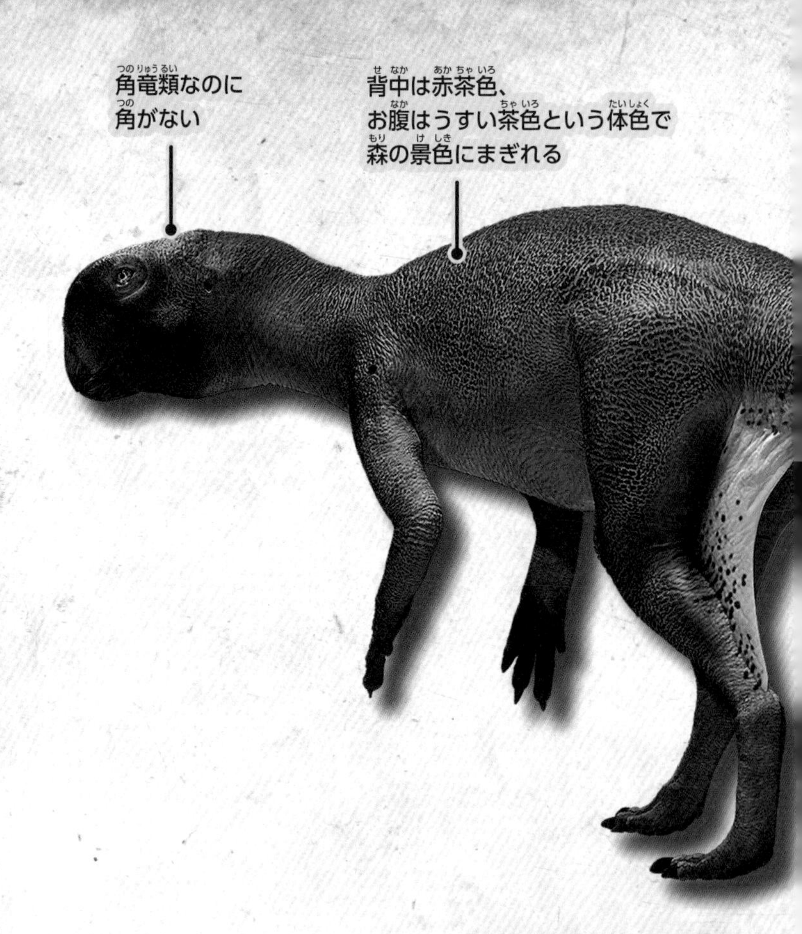

作戦会議

捕獲のポイント

◆子どもの群れに注目！
◆子どもはかかえられる大きさだ。

博士の言葉

中国で、一カ所に34体以上ものプシッタコサウルスの子ども（幼体）が集まっている化石が発見された。プシッタコサウルスには、子どものころは巣の中で身をよせあってくらす習性があるようだ。その化石の子どもたちの平均全長は23㎝。人間が手でかかえて移動できる大きさだ！

アイテムボックス

段ボール箱

プシッタコサウルスをなかまにしよう！

1 子どもの群れを探せ！

プシッタコサウルスをねらうレペノマムスのあとをついていき、プシッタコサウルスの子どもたちのすみかを探そう。すみかが見つかったら、レペノマムスを追いはらおう。

2 子どもの群れを捕まえよう！

ウサギくらいの大きさのプシッタコサウルスの子どもを手づかみで捕まえ、段ボール箱に入れてもち帰ろう。

3 におい成分を“おとり”に使うぞ！ウンチや尿を採取しよう

プシッタコサウルスを飼って、ウンチや尿を採取しよう。そのにおい成分をおとりにすれば、プシッタコサウルスを好んでねらう肉食恐竜をおびきよせることができる！

ターゲット No. 4

プテラノドン

恐竜でも鳥でもない〝空の覇者〟

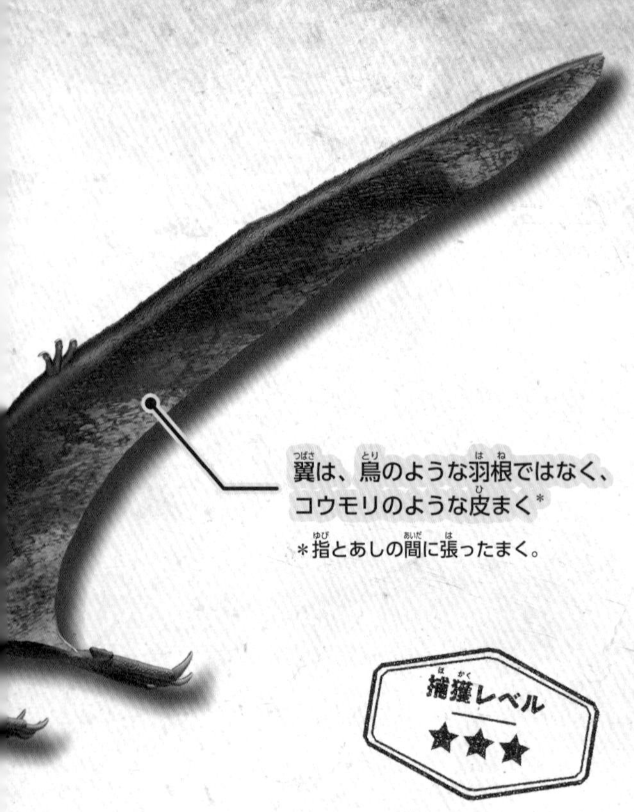

捕獲レベル
★★★

Pteranodon

魚をねらってゆうゆうと空をゆく巨大なは虫類！

翼竜類は、恐竜とほぼ同じ時代に世界中に生息した、翼を使って空を飛ぶは虫類。プテラノドンはその中でも大型で、上昇気流に乗って長い距離を飛ぶことができる、飛行能力にすぐれた翼竜類だ。長いクチバシには歯がなく、海の中にクチバシをさしこんでは魚などを捕まえてまる飲みする。

生息地マップ

アメリカ

Data

年代	白亜紀後期
分類	翼竜類
翼開長	4～7m
食性	魚食
学名の意味	「歯のない翼」

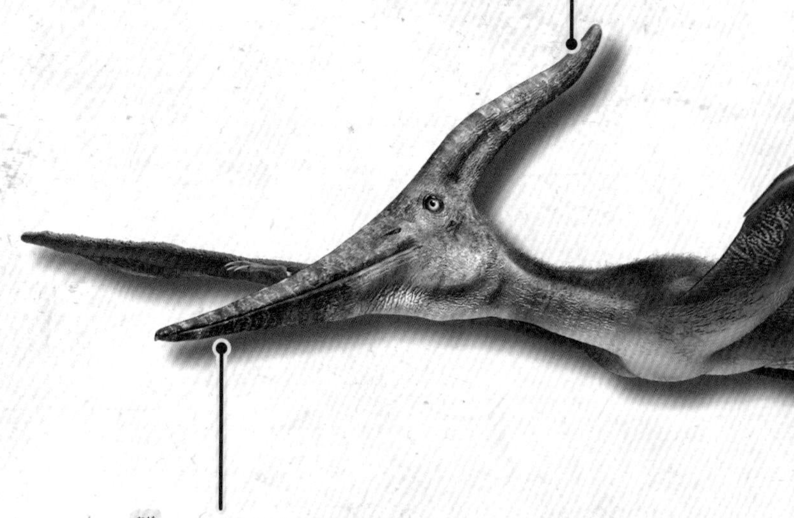

オスの方がメスより体もトサカも大きい!?

長いクチバシには歯がない*

＊進化的な翼竜類の多くは歯がない。

作戦会議

捕獲のポイント

◆トサカで進行方向を決める。
◆好物の魚でおびきよせよう。

博士の言葉

大きなトサカには、〝かじ取り〟の役割があるのではないかと考えられている。進みたい方向に頭を向けることで空気抵抗を利用して自由に方向転換をすることができる。飛行能力の高いプテラノドンを捕まえるのは難しいが、魚をねらって海面におりてくる瞬間は、絶好のチャンスだ！

アイテムボックス

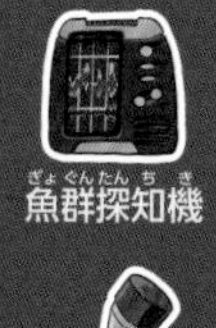

魚群探知機

ネットガン

プテラノドンをなかまにしよう！

1 魚の群れを見つけよう！

魚群探知機で、プテラノドンの獲物となる魚の群れを探し、その場所に先回りしよう。

アイテム
魚群探知機を使った！

2 あみで捕まえよう！

プテラノドンが魚を捕るために海面に近づいたタイミングでネットガンをうち、着水させよう。

アイテム
ネットガンを使った！

3 役割は"空からの調査" 恐竜を上空から探そう！

空を行き来できるプテラノドンは頼もしいパートナー。あしに小型カメラをつけて飛ばせば、空から白亜紀の世界を調査することができる。

2章

恐竜をGETしよう

大陸が細かく分離し、恐竜のすむところが分かれた白亜紀。恐竜たちは世界のいたるところで独自の進化をとげ、次々と種類を増やしていった。おどろくほど豊かな恐竜たちの生態をよく考えて、ターゲットにあった捕獲作戦を立てるのだ！

こんな恐竜がいるぞ！

獣脚類

竜脚形類

鳥脚類

堅頭竜類

角竜類

よろい竜類

この章で使うアイテム

ガリミムス

プテラノドン

ディノニクス

プシッタコサウルス

うき橋

やぐら

サンドバギー

くい

果物

くくりわな

ボイスレコーダー

箱わな

ジェットボート

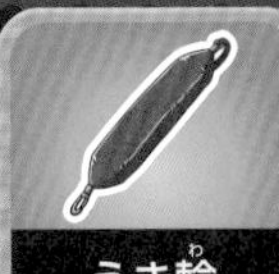
うき輪

温度計

温泉水

魚

クレーン車

小型フード

ショベルカー

土砂

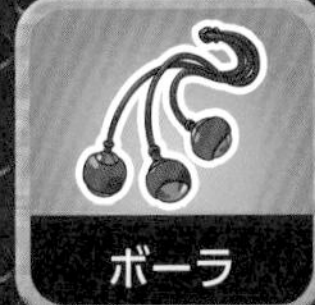
ボーラ

テープ

ロープ

ターゲット No. 5

3本の角と盾で戦う勇者 トリケラトプス

Data

年代	白亜紀後期
分類	鳥盤類 周飾頭類 角竜類
全長	8〜9m
食性	植物食
学名の意味	「3本の角をもつ顔」

立派な角でティラノサウルスにも立ち向かう！

恐竜が絶滅する直前に繁栄した最大級の角竜類。現生のアフリカゾウよりも大きな体と、3本の立派な角は大迫力だ。化石からは、ティラノサウルスにかじられたような傷あとや、角をつきたてられたような傷あとが見つかっている。トリケラトプスは、巨大な肉食恐竜に立ち向かったり、なかま同士で争ったりした、「戦う恐竜」なのだ。

生息地マップ

アメリカ、カナダ

作戦会議

捕獲のポイント

◆巨大な角竜類は泳ぎが苦手。
◆トリケラトプスは三半規管が未発達だ。

博士の言葉

広い川を渡る途中でおぼれてしまったセントロサウルスの化石がカナダで発見されている✎。同じ大型の角竜類であるトリケラトプスも、泳ぎが苦手な可能性が高い。トリケラトプスは三半規管が未発達で激しい動きに弱く、「乗り物よい」のような状態になりやすいという特徴にも注目!

アイテムボックス

ガリミムス

うき橋

ミッション

トリケラトプスを捕まえろ！

1 川辺に追いつめろ！

トリケラトプスを見つけたら、ガリミムスに乗って川辺に追いこもう。

アイテム
ガリミムスを使った！

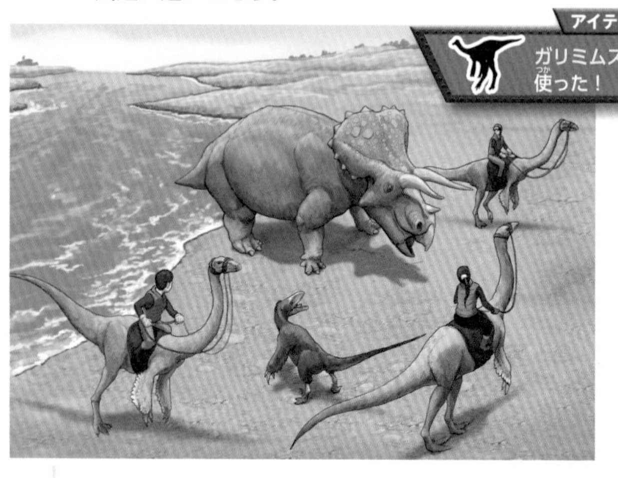

2 うき橋に誘いこめ！

泳ぎが苦手で川に入ろうとしないトリケラトプスは、事前に川にかけておいた大きなうき橋を見つけると、渡って逃げようとするぞ。

アイテム
うき橋を使った！

③ トリケラトプスをよわせよう！

ゆらゆらゆれるうき橋で、「乗り物よい」のような状態になってしまうトリケラトプス。すっかり目を回してすわりこんだところを捕獲しよう！

ターゲット

No. 6

プロトケラトプス

かこくな砂漠を生き抜く猛者

Check!

「闘争化石」のレプリカ。プロトケラトプスとヴェロキラプトルが戦う姿がそのまま化石化している。

©神流町恐竜センター

Protoceratops

Data

年代	白亜紀後期
分類	鳥盤類　周飾頭類　角竜類
全長	2.5m
食性	植物食
学名の意味	「最初の角のある顔」

ヴェロキラプトルと互角に戦った植物食恐竜！

原始的で小型な角竜類。どうもうな肉食恐竜ヴェロキラプトルにおそわれた瞬間がそのまま残った化石、通称「闘争化石」では、ヴェロキラプトルが後ろあしのカギ爪をプロトケラトプスの首につきたてているが、プロトケラトプスもまけじと右の前あしにかみつき、反撃している。大きな角をもたない角竜類でも、やるときはやるのだ！

生息地マップ

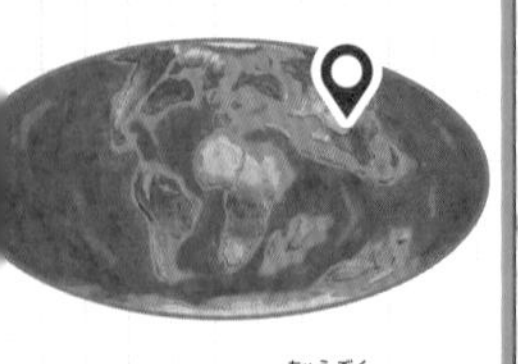

モンゴル、中国

作戦会議

捕獲のポイント

◆「闘争化石」はなぜできたのか?

◆砂漠の気候を生かせ!

博士の言葉

同じ角竜類でも、水の豊かな場所に生息するトリケラトプスなどとちがって、プロトケラトプスはかわいた砂漠でくらす。「闘争化石」がなぜ戦う瞬間のまま化石になったのか、そのなぞをとくことが捕獲のカギとなるぞ。ヒントは砂漠ならではの気候をいかに生かすか。推理してみよう!

アイテムボックス

プロトケラトプスを捕まえろ！

1 やぐらを作ろう！

冬のあいだに、遠くまで見渡せるやぐらを作ろう。

2 ねらうは砂嵐のあと！

モンゴルのゴビ砂漠では、春になると積もった雪がとけることで風が発生し、砂嵐が起きる。砂嵐がおさまり、視界が確保できたら、すぐにやぐらに上り、逃げきれずにうまってしまったプロトケラトプスを探そう。

3 プロトケラトプスを救出しよう!!

砂にうまったプロトケラトプスを見つけたら、すぐに現場に急行して掘りおこし、救出しよう！「闘争化石」も、このような砂嵐で恐竜たちがうまってしまったことでできたと考えられているぞ。

角竜類のなかまを捕まえろ！

角竜類は、ジュラ紀後期から白亜紀にかけて栄えた、クチバシをもち植物を食べる恐竜たち。放射状に角が生えているもの、フリルの骨に大きな穴があいているものなど、とんでもない進化をとげたなかまもいるぞ！

パキリノサウルス

Pachyrhinosaurus

角ではなく、目と鼻の上にゴツゴツしたこぶのような出っ張りがある。オスはそのこぶをぶつけ合って戦い、必要以上に互いの体をきずつけない。“おしあいへしあい”で弱ったところを捕まえよう。

年代	白亜紀後期
分類	鳥盤類　周飾頭類　角竜類
全長	7m
生息地	カナダ、アメリカ
食性	植物食
学名の意味	「ぶ厚い鼻のトカゲ」

セントロサウルス

Centrosaurus

捕獲レベル ★★★★

年代	白亜紀後期
分類	鳥盤類　周飾頭類　角竜類
全長	6m
生息地	カナダ
食性	植物食
学名の意味	「トゲのあるフリルをもつトカゲ」

数百頭、ときには数千頭という大きな群れでくらす。泳ぎが苦手なので、群れで川を渡ろうとしたときなどにはぐれてしまったセントロサウルスを保護しよう。

白亜紀後期の地図

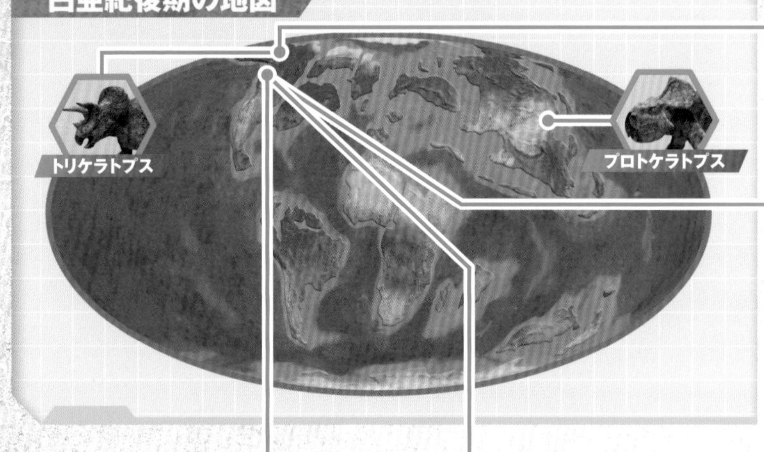

カスモサウルス

Chasmosaurus

幅広で巨大なフリルを見せびらかし、メスにアピールする。フリルは骨に穴があいていて、軽量化がなされているすぐれもの。

年代	白亜紀後期
分類	鳥盤類　周飾頭類　角竜類
全長	6m
生息地	カナダ
食性	植物食
学名の意味	「穴のあいたトカゲ」

スティラコサウルス

Styracosaurus

フリルにとても長い角が何本もついている。とくに、ふちの上部にならぶ2対もしくは3対の角が発達しているぞ。鼻先から長さ60㎝近い角がのびているのも特徴的だ。

年代	白亜紀後期
分類	鳥盤類　周飾頭類　角竜類
全長	5.5m
生息地	カナダ
食性	植物食
学名の意味	「トゲのあるトカゲ」

ターゲット No. 7

ズール

全身トゲトゲの"生きた戦車"

Data

年代	白亜紀後期
分類	鳥盤類　装盾類　よろい竜類
全長	6m
食性	植物食
学名の意味	「門の神ズール」

"よろい"と"こんぼう"の武装は究極の組み合わせ。

背中や肩にならんだ骨片の"よろい"で身を守るよろい竜のなかま。トゲトゲの装甲はまさに鉄壁。尾の先にあるかたいこぶをたたきつける"こんぼう"攻撃も強烈だ。その威力は、ゴルゴサウルスなどの巨大な肉食恐竜の骨をくだくほど。防御力と攻撃力をあわせもつ究極の装備で、肉食恐竜やほかのズールともぶつかり合う。

生息地マップ

アメリカ

作戦会議

捕獲のポイント

◆“こんぼう”攻撃に気をつけろ!

◆重い体の弱点に注目。

博士の言葉

無敵の“こんぼう”攻撃の射程圏内に入ったが最後、あっという間に打ちのめされてしまう。しかし、攻撃をくり出すためには、2mをこえる長さの尾をふりまわす必要がある。体が重く、すばやい動きやこまかい動きが苦手というズールの弱点に注目して、攻撃を封じる方法を考えるのだ!

アイテムボックス

ズールを捕まえろ！

1 くいで通路を作ろう！

じょうぶなくいを打ちこんで、少しずつせまくなっていく通路を作ろう。

2 香りで誘いこめ！

ズールはにおいに敏感。香りの強い果物を置いて、通路のおくに誘いこもう。

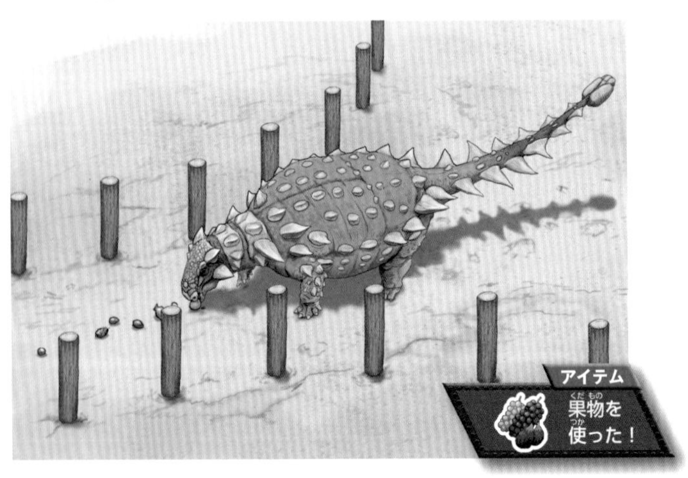

3 “こんぼう”攻撃を無力化しよう!!

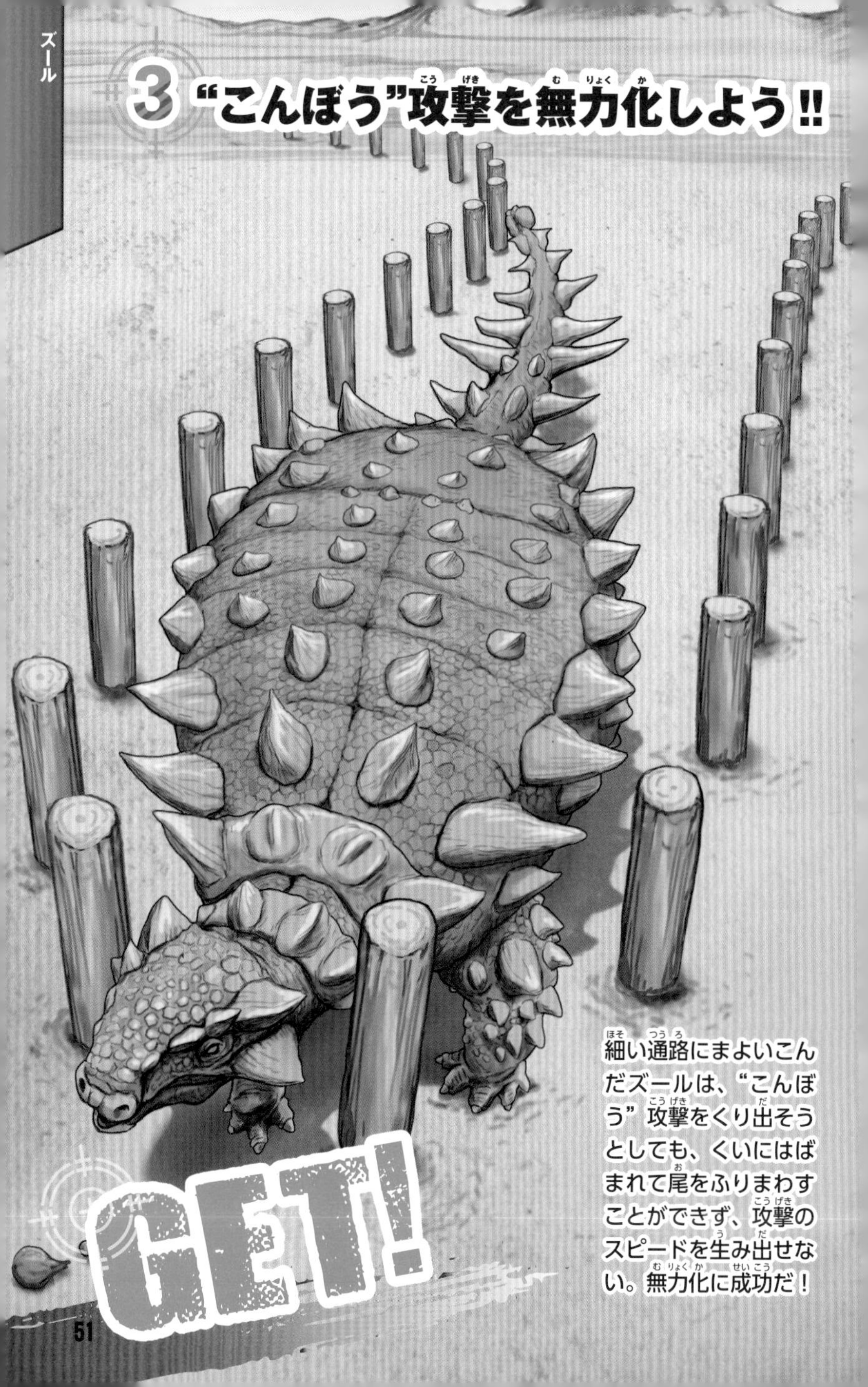

細い通路にまよいこんだズールは、“こんぼう”攻撃をくり出そうとしても、くいにはばまれて尾をふりまわすことができず、攻撃のスピードを生み出せない。無力化に成功だ！

よろい竜類のなかまを捕まえろ!

よろい竜類は、成長するにつれ自分の骨を溶かしてよろいを作る。そうして手に入れた装備のおかげか、数千万年以上にわたり繁栄した。尾にこぶをもつ「アンキロサウルス類」と、もたない「ノドサウルス類」に分かれる。

アンキロサウルス

捕獲レベル ★★★★★

Ankylosaurus

年代	白亜紀後期
分類	鳥盤類　装盾類　よろい竜類
全長	10m
生息地	アメリカ、カナダ
食性	植物食
学名の意味	「連結したトカゲ」

最大級のよろい竜類。歩くスピードはゆっくりだが、人間の頭よりも大きい尾の“こんぼう”をふりまわす速度は秒速18.9mにもなり、攻撃されれば命にかかわる。とにかく“こんぼう”に要注意だ！

ボレアロペルタ

捕獲レベル ★★★

Borealopelta

年代	白亜紀前期
分類	鳥盤類　装盾類　よろい竜類
全長	5.5m
生息地	カナダ
食性	植物食
学名の意味	「北方の盾」

天敵の目につかないよう赤茶色の肌で地面にまぎれる「カウンターシェーディング」が確認されている✎。ズールやアンキロサウルスよりも海の近くにすんでいるので、海岸沿いをよく探そう。

白亜紀後期の地図

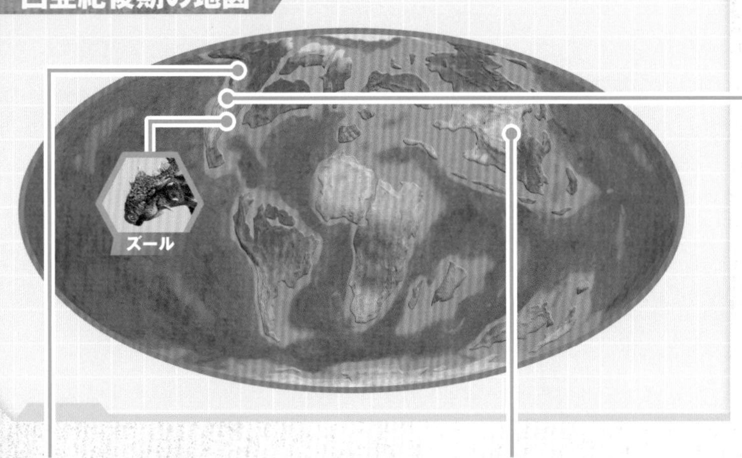

エドモントニア

肩の巨大なスパイクは、じつはあまりかたくなく、武器にはならない。自分を危険そうにみせる「ハッタリ」だとする説もあるが、本当の役割は不明だ。捕獲して調査せよ！

年代	白亜紀後期
分類	鳥盤類　装盾類　よろい竜類
全長	7m
生息地	カナダ
食性	植物食
学名の意味	「エドモントン層（カナダの地層名）のもの」

ピナコサウルス

Pinacosaurus

世界で初めて発見された「のど」の化石から、鳴き声を出してコミュニケーションをとっていたと考えられている。録音した鳴き声を使って、なかまを誘いだそう！

年代	白亜紀後期
分類	鳥盤類　装盾類　よろい竜類
全長	5.5m
生息地	モンゴル、中国
食性	植物食
学名の意味	「板トカゲ」

ターゲット No. 8

パキケファロサウルス

"頭突き"をくり出す石頭恐竜

Data

年代	白亜紀後期
分類	鳥盤類　周飾頭類　堅頭竜類
全長	4.5m
食性	植物食
学名の意味	「ぶ厚い頭のトカゲ」

火花を散らすような石頭バトル!

「石頭恐竜」とも呼ばれる、大きくもり上がったヘルメットのような頭部が特徴の堅頭竜類の代表種。パキケファロサウルスは、体の大きさも、頭のドームのふくらみも、石頭恐竜の中で最大級! 年齢や性別によってドームやトゲの大きさが異なり、なかま同士で異性やなわばりをめぐって石頭をぶつけ合っては、強者の座を争う。

生息地マップ

アメリカ、カナダ

作戦会議

捕獲のポイント

◆性別のなぞを調査せよ！
◆破壊力抜群の頭突きを封じろ！

博士の言葉

現生の動物は、多くの場合オスがなかま同士で争うが、パキケファロサウルスはオスメスどちらが頭突きをするのかわかっていない。頭突きをする個体を捕獲して、性別を調査してほしい。

パキケファロサウルスの頭突きの動作をよく考えて、攻撃の威力を封じる方法を見つけ出すのだ！

アイテムボックス

果物

くくりわな

パキケファロサウルスを捕まえろ！

1 戦いの現場を探せ！

パキケファロサウルスがなかま同士で争っているところをねらおう。動物の世界でのなかま同士の争いは、相手を殺すまでは続かない。必ず終わりがくるはずだ。

2 果物でおびきよせろ！

争いの敗者はなわばりを去るきまりだ。弱ったパキケファロサウルスを、果物の香りでおびきよせよう。

3 くくりわなで捕まえよう！

果物を食べようと近づくパキケファロサウルス。近くにしかけたくくりわなが作動すれば、バネの力であしがくくられる。もう頭突きの威力を生むための助走をつけることはできないぞ。

堅頭竜類のなかまを捕まえろ!

堅頭竜類の頭のふくらみやトゲの形は、種類によって少しずつちがい、とても個性豊か。嗅覚がするどく、果実を食べるのに適した歯をもつかれらには、香りの強いフルーツでひきつける作戦がぴったりだ。

ステゴケラス

Stegoceras

頭部のドームにはすぐれた衝撃吸収性能があり、ジャコウウシ*やキリンなどの現代の頭突きをする動物の頭蓋骨よりも、さらに頭突きに適したつくりになっていると言われている。

年代	白亜紀後期
分類	鳥盤類　周飾頭類　堅頭竜類
全長	1.5～2m
生息地	アメリカ、カナダ
食性	植物食
学名の意味	「屋根の角」

＊グリーンランドなどに生息する大型の野生動物。

ホマロケファレ

Homalocephale

頭頂部は平らになっていて、頭をぶつけ合うのではなく押し付け合うようにして争うと考えられているが、本当にドームのない頭で頭突きをして平気なのか心配されている。捕獲して観察しよう。

年代	白亜紀後期
分類	鳥盤類　周飾頭類　堅頭竜類
全長	1.5～3m
生息地	モンゴル
食性	植物食
学名の意味	「平らな頭」

白亜紀後期の地図

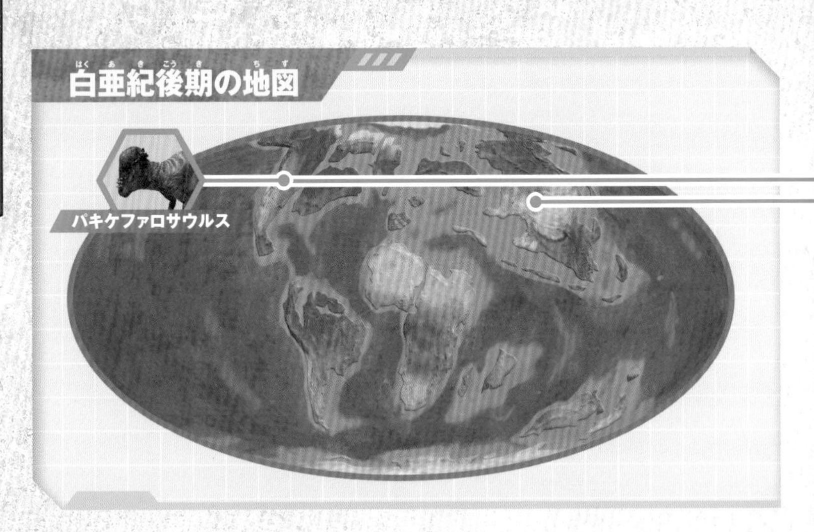

図鑑から消える!? ドラコレックスの名前

Dracorex

北アメリカで発見された白亜紀後期の石頭恐竜「ドラコレックス・ホグワーツィア」の学名は、大人気ファンタジー作品『ハリー・ポッター』に登場する「ホグワーツ魔法魔術学校」にちなんでつけられたもの。楽しい由来の名前だが、この学名は近い将来使われなくなるかもしれない。ドラコレックスは、パキケファロサウルスの子どもの姿なのではないかという説がでてきたからだ。頭部が平らで頭の後ろのトゲがするどいドラコレックスが、成長するにつれて頭部がふくらみ、反対にトゲは小さくなって、大人のパキケファロサウルスの姿になる。もしこの説が正しいとしたら、「ドラコレックス・ホグワーツィア」という名前は使われなくなってしまうが、君も新種の恐竜を見つけたら、好きなものの名前をつけてみるのもおすすめだ。

ターゲット

No. 9

パラサウロロフス

トサカの音でなかまと交流!?

Data	
年代	白亜紀後期
分類	鳥盤類　鳥脚類
全長	8m
食性	植物食
学名の意味	「サウロロフス*に似ているもの」

*ハドロサウルス類のなかま、長いトサカをもつ。

Parasaurolophus

トサカと歯に秘密の機能がかくされている!

クチバシの形から「カモノハシ竜」とも呼ばれる、ハドロサウルス類のなかま。長いトサカは、中が空洞。鼻の穴につながっていて、空気を通すことで音を出せる。歯がすり減ると、あごの内側にある1000個以上もの予備の歯から新しい歯が次々と出てくる「デンタル・バッテリー」はすぐれもの。大量の植物をむしゃむしゃすりつぶせる。

生息地マップ

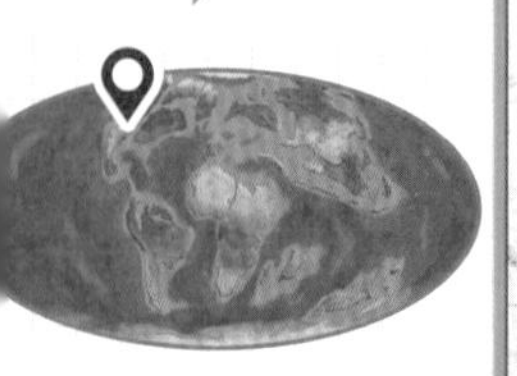

アメリカ、カナダ

作戦会議

捕獲のポイント

- ゾウなみの巨体に注意!
- トサカの音のなぞに迫れ!

博士の言葉

パラサウロロフスは、体の大きさが現生のアフリカゾウほどもあるうえに、群れをつくって生活しており、近づくのはむずかしい。そこで、トサカから出すオーボエのような〝音〟に注目だ。パラサウロロフスは何のために音を出すのか?群れのくらしをよく観察し、〝音〟の秘密を利用せよ!

アイテムボックス

パラサウロロフスを捕まえろ！

1 トサカから出す音を録音！

パラサウロロフスのオスとメスでは出す音がちがう。つまり、その音は異性へのアピールのために出しているのだ。「オスの出す音」にねらいを定め、ボイスレコーダーに録音しよう。

2 音でおびきよせろ！

録音した音を流して、パラサウロロフスの「メス」をおびきよせよう。

パラサウロロフス
3 箱わなで捕獲しよう！
パラサウロロフスが箱わなの中のトリガー（引き金）に引っかかったら、すぐさま扉が閉まって捕獲成功だ！
アイテム
箱わなを使った！
GET!

ターゲット

No. 10

カムイサウルス

日本の恐竜神！

北海道むかわ町で発見された、カムイサウルスの全身実物化石。

©むかわ町穂別博物館

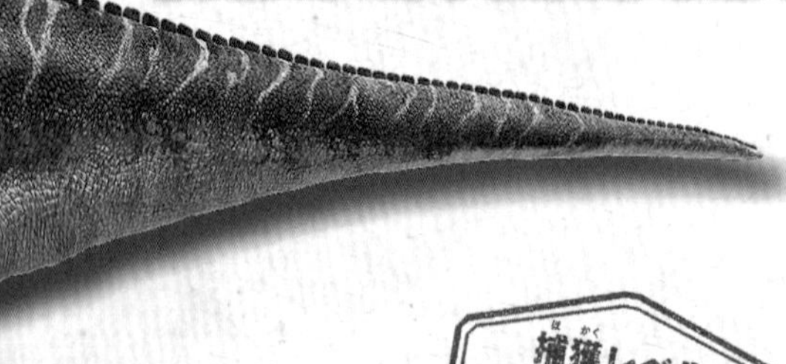

Data

年代	白亜紀後期
分類	鳥盤類　鳥脚類
全長	8m
食性	植物食
学名の意味	「カムイ（アイヌの神）のトカゲ」

白亜紀の日本で栄えたカモノハシ竜たち。

日本のカモノハシ竜。北海道むかわ町で全身の約8割もの化石が見つかり、世界中で驚かれた。カムイサウルスはカモノハシ竜の中でも新しい種であることがわかっている一方で、兵庫県淡路島で見つかったヤマトサウルスはより古い種だと考えられている。太古の日本では、広い範囲で長い時代にわたってカモノハシ竜が繁栄したのだ。

生息地マップ

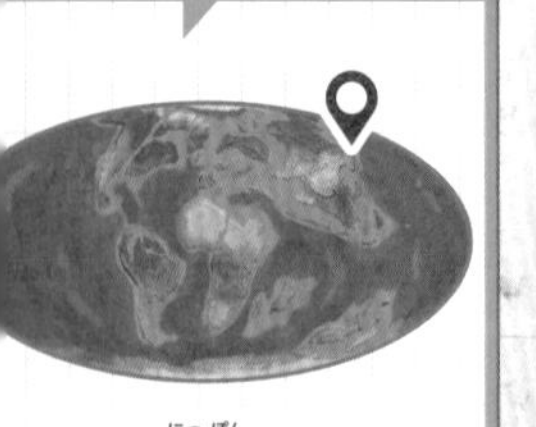

作戦会議

捕獲のポイント

- 海の近くでくらしている。
- 化石は沖合の地層で見つかっている。

博士の言葉

カムイサウルスの化石が見つかった北海道むかわ町は、白亜紀は海の底だった。白亜紀の北海道は東西に分かれていて、その間に海が広がっていたのだ。海辺の陸地で植物を食べてくらすカムイサウルスが、なぜ海のまんなかで発見されたのか？ そのわけを推理してみよう。

アイテムボックス

カムイサウルスを捕まえろ！

1 海を探そう！

海の上を飛ぶプテラノドンが、波にさらわれて沖に流されているカムイサウルスを発見！

アイテム
プテラノドンを使った！

アイテム

ジェットボートを使った！

2 ジェットボートで急行！

現場へ急げ！　おぼれているカムイサウルスを見つけたら、まよわず飛びこもう！

3 呼吸に気をつけてレスキューせよ！

カムイサウルスが息をできるように、頭を支えて泳ぎながら沈まないようにしよう。そのまま落ち着いて呼吸をさせて、カムイサウルスを引きあげられる大きな船が来るのを待とう。カムイサウルスは、海の近くに生息し、陸から海に流されて化石化したと考えられているぞ。

ハドロサウルス類のなかまを捕まえろ!

鳥脚類の中でも、とくに進化した歯やあごの構造をもつのが、「カモノハシ竜」とも呼ばれる、ハドロサウルス類。さまざまな形や構造のトサカをもつものがいるぞ。トサカの音や特徴的な生態を利用して捕獲しよう!

ランベオサウルス

Lambeosaurus

年代	白亜紀後期
分類	鳥盤類　鳥脚類
全長	9m
生息地	カナダ
食性	植物食
学名の意味	「ラム(人名)のトカゲ」

斧をうめこんだような形をしている前方部、棒状の後方部と、トサカが2つに分かれている。パラサウロロフスと同じく、トサカは鼻の穴とつながり、音を響かせることができる。

コリトサウルス

Corythosaurus

巨大な分度器のようなトサカは、子どものコリトサウルスにはなく、大人になるにつれて大きく成長していく。トサカから音を出すことができる。

年代	白亜紀後期
分類	鳥盤類　鳥脚類
全長	10m
生息地	カナダ
食性	植物食
学名の意味	「ヘルメットトカゲ」

白亜紀後期の地図

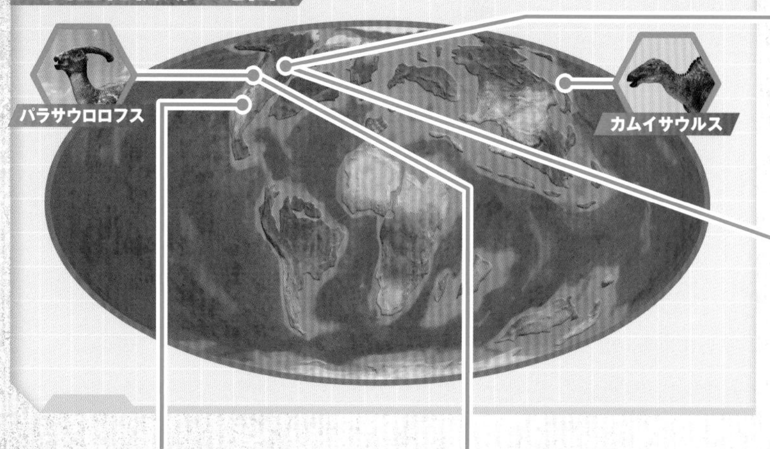

マイアサウラ

Maiasaura

骨質のトサカをもたないハドロサウルス類のなかま。卵のまわりに植物をおいて、植物がくさるときの熱を利用して卵をあたためると考えられている。巣を探してみよう！

年代	白亜紀後期
分類	鳥盤類　鳥脚類
全長	9m
生息地	アメリカ
食性	植物食
学名の意味	「よいお母さんトカゲ」

エドモントサウルス

Edmontosaurus

骨ではなく、肉質のトサカをもつ。デンタル・バッテリーが発達していて、植物をすりつぶす能力が高い。かたい植物を食べたあとを見つけたら、近くを探そう！

年代	白亜紀後期
分類	鳥盤類　鳥脚類
全長	13m
生息地	カナダ、アメリカ
食性	植物食
学名の意味	「エドモントン層(カナダの地層名)のトカゲ」

ターゲット

No. 11

パタゴティタン

"地球最大級"の陸上生物

とんでもない巨体で肉食恐竜もよせつけない！

白亜紀の南アメリカで栄えた大型の竜脚形類の中でも、最大級の恐竜。山手線の車両の1.5倍をこえる全長に50t以上の体重と、圧倒的な巨体をほこるパタゴティタンは、地球の歴史上もっとも大きい陸上生物のひとつだ。長く太い尾をふって身を守ることもでき、ほとんどの肉食恐竜にとっては、近づくことさえままならない存在だ。

生息地マップ

アルゼンチン

体重50 t以上！
アジアゾウ
7～10頭分もの重さ

強力な筋肉で
長く幅広い首をもちあげて、
高いところの葉っぱを食べる

Data

年代	白亜紀前期
分類	竜盤類　竜脚形類
全長	30～40m
食性	植物食
学名の意味	「パタゴニア（アルゼンチンの地名）の巨人」

作戦会議

捕獲のポイント

◆パタゴティタンは巨体だが、卵はさほど、大きくない。

◆卵のなぞに迫れ！

博士の言葉

パタゴティタンは巨体で近よるのはかんたんではない。しかし、卵はサッカーボールくらいと小さい。さらに、パタゴティタンは巨体だからか、卵をあたためないぞ。卵をあたたかいところに産んで去る。「あたたかいところ」とはどこで、なぜそこに産むのか。そのなぞときが捕獲のカギだ！

アイテムボックス

温度計

温泉水

パタゴティタンを捕まえろ!

1 地熱地帯を探そう!

火山や温泉のまわりに、地面があたたかい地熱地帯がある。土の温度をはかりながら、あつすぎずぬるすぎない砂地を見つけよう。そこが、パタゴティタンの産卵地だ。

2 卵を回収!

産卵期をむかえたパタゴティタンがやってきたら、じっと産卵を見守ろう。パタゴティタンは後ろあしであたたかい砂を掘り、細長い巣を作って、そこに卵を産みつける。親パタゴティタンが去ったら、そっと卵を回収しよう。

3 卵をふ化させよう！

パタゴティタンの赤ちゃんは、親が抱卵しない代わりに、地熱であたためられながら、土にしみこんだ温泉水の酸に溶かされて少しずつうすくなっていった殻をやぶって生まれる。同じように温泉水を筆で殻にぬりながら卵をかえし、成長の様子を研究しよう。

竜脚形類のなかまを捕まえろ!

竜脚形類は、大きな体と小さい頭をもつ4足歩行の植物食恐竜。三畳紀から白亜紀末期まで世界中で栄え、長い年月をかけて大型化した。大きすぎて近よることさえ難しいときは、意外に小さな卵をターゲットにしよう。

アルゼンチノサウルス

Argentinosaurus

年代	白亜紀後期
分類	竜盤類　竜脚形類
全長	35～40m
生息地	アルゼンチン
食性	植物食
学名の意味	「アルゼンチンのトカゲ」

パタゴティタンにならぶ巨体をほこる。巨大な柱のようなあしもたくましく、ときどき立ち上がって、さらに高いところの葉を食べたり、より大きく見せて身を守ったりする姿は圧巻だ。

ニジェールサウルス

Nigersaurus

ひと目見たら忘れられない、独特なつらがまえ。そのハーモニカのような口を地面に向け、あしもとの植物を食べていた。いつも下を向いているため、視界がせまいぞ。死角から近づこう!

年代	白亜紀前期
分類	竜盤類　竜脚形類
全長	9m
生息地	ニジェール
食性	植物食
学名の意味	「ニジェール(国名)のトカゲ」

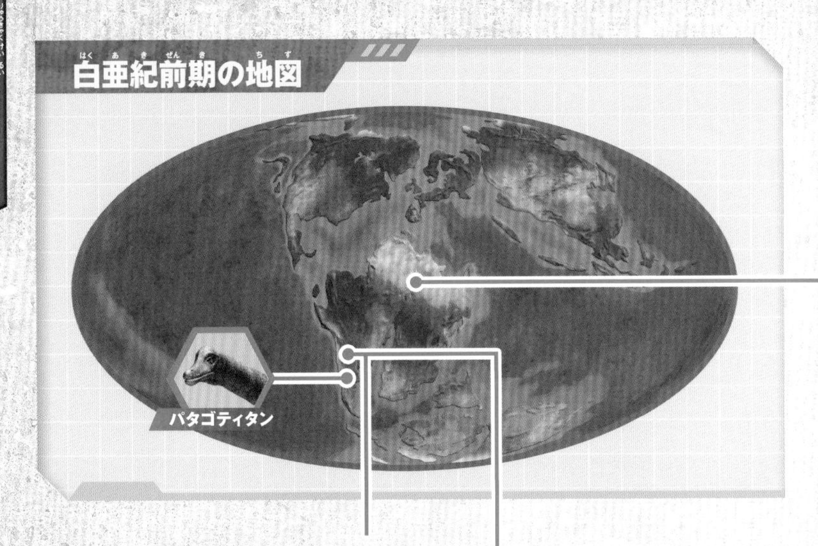

バジャダサウルス

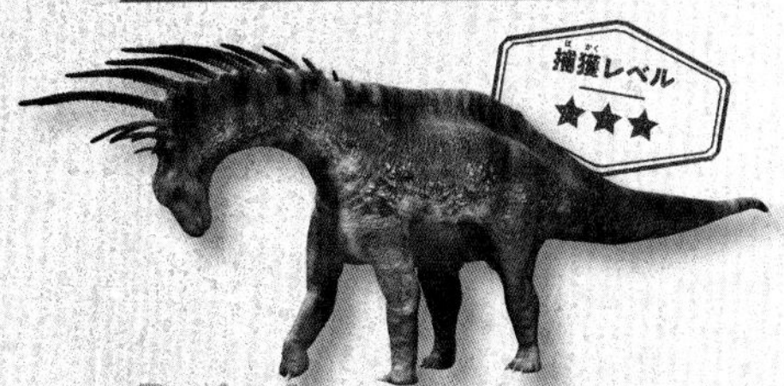

Bajadasaurus

アマルガサウルスに近いなかま。アマルガサウルスのトゲは後ろを向いているが、バジャダサウルスのトゲは前向きに曲がっている。不用意に正面から近づくのはやめておこう。

年代	白亜紀前期
分類	竜盤類　竜脚形類
全長	9m
生息地	アルゼンチン
食性	植物食
学名の意味	「バハダコロラダ層(アルゼンチンの地層名)のトカゲ」

アマルガサウルス

Amargasaurus

首から背にかけて長いトゲが2列にならんで生えている。トゲを何に使うのか、いろいろな説が考えられているが、本当の役割はなぞに包まれている。捕獲して調査せよ！

年代	白亜紀前期
分類	竜盤類　竜脚形類
全長	9m
生息地	アルゼンチン
食性	植物食
学名の意味	「ラアマルガ層(アルゼンチンの地層名)のトカゲ」

ターゲット

No. 12

スピノサウルス

肉食恐竜最大級をほこる〝水中の王者〟

Check!

スピノサウルス類の歯の化石。たてに何本ものすじが入っている。

©神流町恐竜センター

強力な尾を使って自由自在に泳ぎまわる

Data

年代	白亜紀前期
分類	竜盤類　獣脚類
全長	15m
食性	肉食
学名の意味	「とげトカゲ」

アフリカの大河はスピノサウルスのテリトリー！

ティラノサウルスをしのぐ大きさをほこる、史上最大級の獣脚類。背中に大きな帆をもち、ワニに似た細長いあごと、すべりやすい魚を逃さない歯という、水中での狩りに特化した武器で、大河の生態系の頂点に君臨していた。巨大な尾をオールのように使ってゆうゆうと泳ぎ、魚だけでなく、川辺の恐竜や翼竜類もしとめてしまう。

生息地マップ

エジプト、モロッコ

作戦会議

捕獲のポイント

◆水中では敵なしの最強生物！
◆地上ですばやく動くことはできないぞ。

博士の言葉

白亜紀のアフリカにあった大きな川を泳ぎまわり、最強の水棲生物として君臨していた〝水中の王者〟。かなり手強いターゲットだが、水中生活に適した短い後ろあしでは、地上ではすばやく動けないようだ。いかに浅瀬におびきよせるか。それが勝負の分かれ目になるだろう。

アイテムボックス

魚

クレーン車

ミッション

スピノサウルスを捕まえろ！

河口付近に大量にまきえ*をして、おびきよせよう。

アイテム

2 魚をえさにしろ！

まきえの中に、大きな魚を混ぜよう。その大きな魚には、あらかじめ釣り針を仕込んでおこう。

*まきえ…魚や鳥をおびきよせるためにえさをまくこと。また、そのえさ。

3 クレーン車で釣り上げろ!!

大魚を見つけ、大きな口をあけ、食いつくスピノサウルス。じつはそれは大きな釣りざおだった!! 魚をしっかり飲みこんだところで……、スピノサウルスを釣り上げろ！

アイテム

クレーン車を使った！

GET!

スピノサウルス類のなかまを捕まえろ！

スピノサウルス類は、人間のように食べ物をかんですりつぶすのではなく、魚をまる飲みするので、歯は口から獲物を逃がさない形になっている。えさを飲みこむ習性を利用して、釣り上げよう！

バリオニクス

Baryonyx

捕獲レベル ★★★★

年代	白亜紀前期
分類	竜盤類　獣脚類
全長	8m
生息地	イギリス、スペイン
食性	肉食
学名の意味	「重いカギ爪」

ヨーロッパに生息する、背中の帆がないスピノサウルス類。レピドテス*のような大きな魚や、イグアノドンの幼体などの恐竜を食べていた。レピドテスをえさに釣ってみよう！

＊中生代に生息していた魚類のひとつ。

イリテーター

Irritator

捕獲レベル ★★★★

年代	白亜紀前期
分類	竜盤類　獣脚類
全長	8m
生息地	ブラジル
食性	肉食
学名の意味	「イライラさせるもの」

主食は魚だが、翼竜類も食べる。ブラジルは翼竜類の宝庫。水面に群がるアンハングエラ*を見つけたら、そこにたくさんの魚がいるはず。近くにイリテーターがいるかもしれない。探してみよう！

＊白亜紀前期のブラジルに生息していた翼竜類のなかま。

白亜紀前期の地図

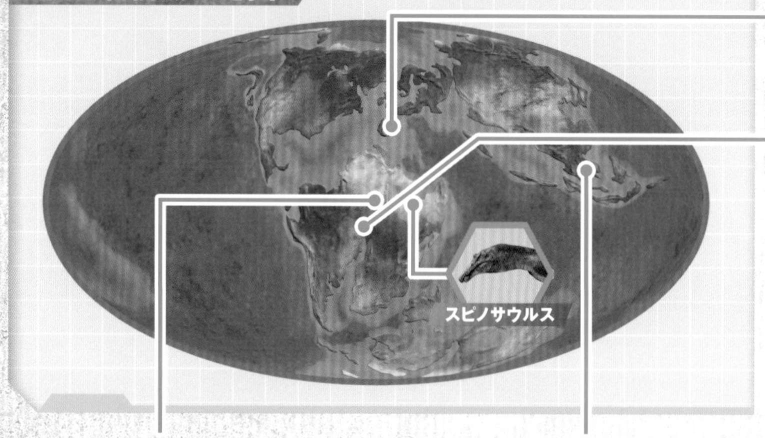

スコミムス

Suchomimus

スピノサウルスに次ぐ巨体をほこり、スピノサウルスほどではないが、低い“帆”をもつ。大きなカギ爪をそなえた前あしで、すべりやすい魚をおさえつけて、上手に食べる。

年代	白亜紀前期
分類	竜盤類　獣脚類
全長	11ｍ
生息地	ニジェール
食性	肉食
学名の意味	「ワニ神もどき」

イクチオヴェナトル

Ichthyovenator

捕獲レベル
★★★★

まんなかが大きく凹んだユニークな形の帆のようなものをもっている。おもにアフリカにすむスピノサウルス類だが、イクチオヴェナトルのように、アジアに生息するものもいた。

年代	白亜紀前期
分類	竜盤類　獣脚類
全長	9ｍ
生息地	ラオス
食性	肉食
学名の意味	「魚をとるハンター」

なぞに包まれたスピノサウルスの正体

人間の大きさ

2足歩行で、内陸と水辺を行き来するスピノサウルスの姿

水中の王者、スピノサウルス。じつは、その姿や生態はなぞに包まれている。研究者の間で大きく意見が分かれているのは、スピノサウルスは「2足歩行で水辺を歩き、川に細長い口をつっこんで魚をとっていた」という〝陸棲説〟と、「4足歩行でおもに水中にすみ、泳いで魚をとっていた」という〝水棲説〟の2つの考え方だ。

というのも、スピノサウルスの研究の基本になっていた保存状態の良い化石が、第二次世界大戦で空襲をうけて失われ、くわしい姿形を調べることが難しくなってしまったのだ。そうした理由もあり、スピノサウルスはティラノサウルスなどの他の獣脚類と同じように、長い2本の後ろあしで歩く、〝陸棲〟の恐竜だと考えられてきた。

4足歩行で、おもに水中でくらすスピノサウルスの姿

ところが、2014年に、スピノサウルスのまだ発見されていない部位を予想してコンピュータ上で組み立てる、という試みが行われた結果、後ろあしが短く、しかもその後ろあしに水かきがあった可能性が指摘された。この考えが正しければ、スピノサウルスは泳ぎが得意で、歩くときは4足歩行をする〝水棲〟の恐竜だということになる。

しかし、この説には反論も多く、スピノサウルスが水中でくらすには、もぐることや姿勢を保ち続けることが難しいという指摘もある。一方で、2022年には、骨格や筋肉、体の中の空気の量などを計算し、やはりスピノサウルスは2足歩行が可能で、「内陸と水辺を行き来するくらしをしていた」という発表も行われ、議論の決着はいまだついていない。

ターゲット

No. 13

4枚の翼で空中を舞う ミクロラプトル

Microraptor

前あしと後ろあしに生えた風切羽

Data	
年代	白亜紀前期
分類	竜盤類　獣脚類
全長	80cm
食性	肉食
学名の意味	「小さなどろぼう」

すばやい獲物も逃がさない闇夜のハンター。

アジアの森林にすむ4枚の翼をもつ小型の羽毛恐竜。はばたくのではなく、前あしの翼と後ろあしの翼を平行に広げ、グライダーのように滑空する。夜の森で木から木へとすばやく飛びうつり、獲物を見つけると飛びかかる。小さな鳥類やトカゲ、昆虫や魚など、すばしっこい獲物を狩ることが大得意だ。

作戦会議

捕獲のポイント

- 飛び回るミクロラプトルをねらうのは困難だ。
- メイの化石の姿に注目！

博士の言葉

暗い森を飛び回るミクロラプトルを捕まえるのは難しい。そこで、同じ小型の獣脚類、メイに注目しよう。中国遼寧省で見つかったメイの化石は、頭をひじの下にたくしこんで体を丸めた、鳥類が眠る姿によく似た姿勢をとっていた。ミクロラプトルも、同じように丸くなって眠るのだろう。

アイテムボックス

ミクロラプトルを捕まえろ！

1 デイノニクスの嗅覚を生かそう！

デイノニクスの嗅覚で、眠っているミクロラプトルを探そう。

2 木の根元を探せ！

デイノニクスがかけよったのは、大きな木！　木の根元をくまなく探すと……、そこには体を丸めたミクロラプトルの姿が。

3 目をおおっておとなしくさせよう！

ミクロラプトルを起こさないようにそっと近より、小型フードをかぶせて目隠しをしよう。すると、目を覚ましてもまっくらなので、ミクロラプトルはおとなしくなるぞ。タカを狩りのパートナーにするタカ匠も、同じように目隠しをしてタカを落ち着かせている。

ドロマエオサウルス類のなかまを捕まえろ！

ミクロラプトルやデイノニクスをふくむドロマエオサウルス類は、とてもすばしっこく、すぐれた頭脳をもつ。空を飛ぶ力や水中を泳ぐ力を身につけたものもいて、どの種も油断ならないぞ。生態を生かした作戦をたてよう！

ヴェロキラプトル

捕獲レベル ★★★

Velociraptor

プロトケラトプスなどの植物食恐竜だけでなく、シチパチやオヴィラプトルといったすばやい肉食恐竜も群れでおそってしとめてしまう、したたかでおそろしいハンターだ。

年代	白亜紀後期
分類	竜盤類　獣脚類
全長	1.8m
生息地	モンゴル、中国
食性	肉食
学名の意味	「すばやいどろぼう」

シノルニトサウルス

捕獲レベル ★★★

Sinornithosaurus

キバから毒を流しこむ毒ヘビと同じように、キバにみぞがあったようだが、毒をもっているかどうかはなぞに包まれている。はたしてシノルニトサウルスには毒牙があるのか、捕獲して調査せよ！

年代	白亜紀前期
分類	竜盤類　獣脚類
全長	1.2m
生息地	中国
食性	肉食
学名の意味	「中国の鳥トカゲ」

白亜紀前期の地図

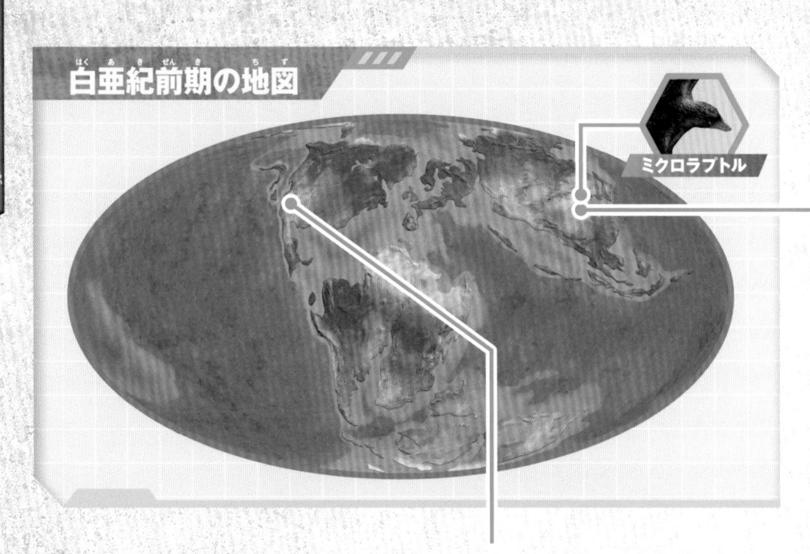

ハルシュカラプトル

Halszkaraptor

長い首とひれのような前あしで、すばやく泳ぐことができる珍しいドロマエオサウルス類のなかま。陸地と川や湖を行き来して、小魚や昆虫を食べる。水辺を探して捕獲しよう。

年代	白亜紀後期
分類	竜盤類　獣脚類
全長	60cm
生息地	モンゴル
食性	肉食
学名の意味	「ハルシュカ（人名）のどろぼう」

ユタラプトル

Utahraptor

ドロマエオサウルス類で最大級の恐竜。ドロマエオサウルス類特有のかしこさや嗅覚をもつうえ、デイノニクスの5倍も重たい巨体に進化したので、もはや人間の手に負えない。

年代	白亜紀前期
分類	竜盤類　獣脚類
全長	7m
生息地	アメリカ
食性	肉食
学名の意味	「ユタ州（アメリカの州）のどろぼう」

ターゲット
No. 14

ディノケイルス

沼地にすむ巨大な手長恐竜

Deinocheirus

Data

年代	白亜紀後期
分類	竜盤類　獣脚類
全長	11m
食性	雑食
学名の意味	「おそろしい手」

変わりものの巨大ダチョウ恐竜。

一見そうは見えないが、ガリミムスとおなじ「ダチョウ恐竜」のなかま。あしの速さに特化し、スリムになったなかまたちとはちがい、大きくて重い体で身を守るという〝真逆の進化〟をとげ、ティラノサウルス級の巨体を獲得した。さらに、長さ2.4mと異様に長いうでや、背中に大きな帆をもつ、とても不思議な姿の恐竜だ。

生息地マップ

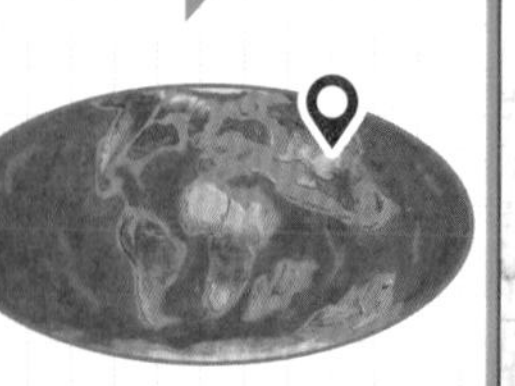

モンゴル

作戦会議

捕獲のポイント

- 体重5tの巨体！
- テリトリーの沼地に〝しかけ〟をしよう！

博士の言葉

5tにもおよぶ体重を支えるデイノケイルスのあしには、秘密がある。あしの末節骨（つま先）が平らで丸くなっていて、不安定なぬかるみを歩くことができるのだ。ほかの恐竜があまり得意ではない〝沼地〟をテリトリーとして、植物や魚を食べてくらす生活スタイルを利用しよう！

アイテムボックス

ショベルカー

土砂

デイノケイルスを捕まえろ！

1 「けもの道」ならぬ「デイノケイルス道」を探せ！

デイノケイルスを見つけたら、日々の行動を観察して、いつも通る道を探そう。

2 「底なし沼」を作ろう！

デイノケイルスの通り道に、一見、浅そうなぬかるみだが、じつは深さがあり、ハマりこんだら抜け出せない「底なし沼」を作ろう。まずは、ショベルカーで大きな穴をあけ、砂や泥を混ぜた水を流しこもう。

3 沼にハマった デイノケイルスをひきあげろ!!

いつもの通り道に、「沼」を見つけたデイノケイルス。沼地を歩くのは得意だから、入っても大丈夫！　と油断していたら……、底なし沼にハマってしまった!!　あとは、沼に板をおいて自分が沈まないようにしながら、デイノケイルスにロープをかけてひきあげよう。

オルニトミモサウルス類のなかまを捕まえろ！

「ダチョウ恐竜」とも呼ばれるオルニトミモサウルス類。デイノケイルスのような巨体の恐竜は異色の存在で、多くはダチョウのようにスラリとした姿をし、恐竜界最速レベルのスピードで大地をかけめぐる。

オルニトミムス

Ornithomimus

捕獲レベル ★★

年代	白亜紀後期
分類	竜盤類　獣脚類
全長	3.8～4.8m
生息地	アメリカ、カナダ
食性	雑食
学名の意味	「鳥もどき」

自動車なみのスピードで疾走するダチョウ恐竜のなかま。大人になると生えそろう前あしの翼を、求愛に使う。その翼に似せたかざりをもってうまくおどれば、おびきよせることができるかもしれない!?

ベイシャンロン

Beishanlong

年代	白亜紀前期
分類	竜盤類　獣脚類
全長	6m
生息地	中国
食性	雑食
学名の意味	「北山(中国の地名)竜」

ダチョウ恐竜の中でもひときわ長いあしで走る姿は大迫力だ。ゆっくりと人に慣れさせれば、背中に乗ることもできるが、かなり背が高いのでふりおとされると命にかかわる。

白亜紀後期の地図

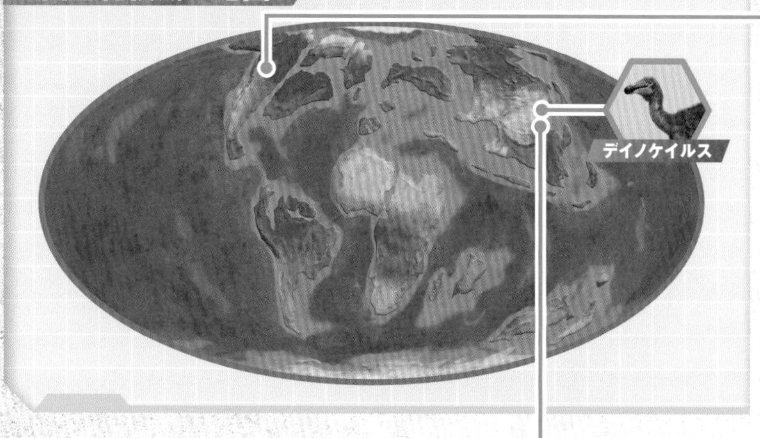

ペレカニミムス

捕獲レベル ★★★

原始的なダチョウ恐竜で、クチバシに220本もの歯が生えていた。のどにふくろがあり、食べ物をたくわえるのではないかと考えられている。捕獲して、のどぶくろの役割を調査せよ！

年代	白亜紀前期
分類	竜盤類　獣脚類
全長	2m
生息地	スペイン
食性	肉食
学名の意味	「ペリカンもどき」

シノルニトミムス

捕獲レベル ★★

Sinornithomimus

すばしっこくて捕まえにくいが、群れでくらす習性があるので、人にも慣れさせることができる。デイノニクスに群れを守らせ、味方になろう。

年代	白亜紀後期
分類	竜盤類　獣脚類
全長	2m
生息地	中国
食性	植物食
学名の意味	「中国の鳥もどき」

Therizinosaurus

ターゲット

No. 15

テリジノサウルス

長い爪の巨体ベジタリアン

テリジノサウルス類の前あし。長い爪は鎌のよう。

©神流町恐竜センター

Data

年代	白亜紀後期
分類	竜盤類　獣脚類
全長	8～11 m
食性	植物食
学名の意味	「鎌トカゲ」

のしのし歩いて植物をかきあつめるメタボ恐竜。

胴体がでっぷりとした〝メタボ体型〟の恐竜*。お腹は大きいのに、頭は小さく、首も細い、アンバランスな体型だ。さらに奇妙なのが、70㎝をこえる長い前あしの爪。まるで〝鎌〟のように、ゆるやかに曲がっているこの長い爪で、高いところの葉っぱも、地面の落ち葉もねこそぎかきあつめて巨大なお腹におさめてしまうのだ。

生息地マップ

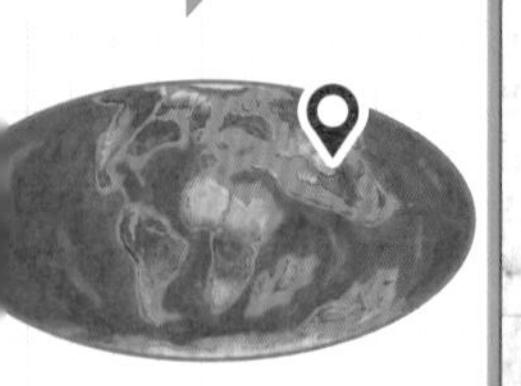

モンゴル

*メタボ体型だからといって、メタボ(内臓脂肪が多い)なわけではない。

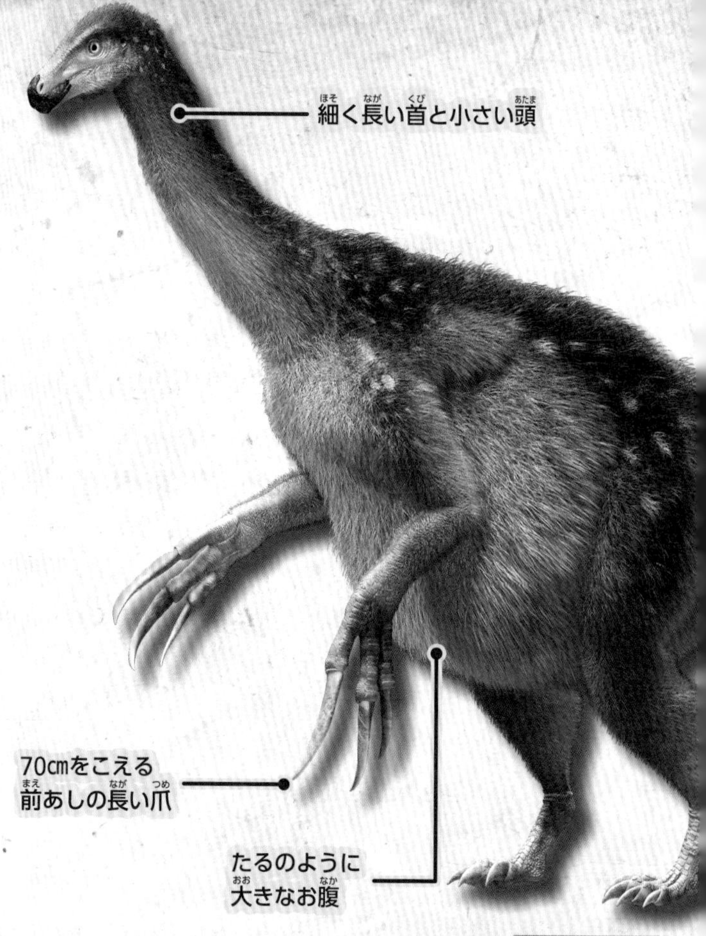

作戦会議

捕獲のポイント

◆長い爪にはいろんな使い道があった。
◆巨大な体に要注意!

博士の言葉

テリジノサウルスの長い爪には、植物をかきあつめるほかにも、アリ塚をくずしてアリを食べたり、敵から身を守ったりと、いろいろな使い方があったと考えられている。植物食なので、おそってくることはないが、巨大な体と長い〝鎌〟は十分脅威だ! 爪を封じる工夫を考えよう。

アイテムボックス

*ロープの先端に球状のおもりをつけた狩猟用アイテム。

テリジノサウルスを捕まえろ！

1 果物でおびき出せ！

木の高いところに、あざやかな色味で香りの強い果物をくくりつけよう。

2 動きを封じよう！

テリジノサウルスは果物に夢中になり、上を向いている。おろそかになったあしもとをねらい、ボーラを投げよう。

3 爪を無力化しよう!!

ボーラがからみつき、身動きがとれなくなるテリジノサウルス。するどい爪は閉じた状態でぐるぐる巻きにすれば、もう開くことはできない！　多くの動物は、あごや爪を閉じる力より、開く力の方が弱いのだ。

テリジノサウルス類のなかまを捕まえろ!

多くの獣脚類と同じく、テリジノサウルス類は、もともとは肉食だった。進化とともに植物食にかわっていき、大型化して、おもにアジアで繁栄した。長い爪は、ぐるぐる巻きにしてしまえば怖くない。

ファルカリウス

Falcarius

年代	白亜紀前期
分類	竜盤類　獣脚類
全長	4m
生息地	アメリカ
食性	植物食
学名の意味	「鎌で武装した剣闘士」

アメリカの原始的なテリジノサウルス類。プシッタコサウルスと同じように、子どものファルカリウスは、大人とはなれて子どもだけの群れをつくる。幼体が集まる巣を探してみよう。

ベイピアオサウルス

Beipiaosaurus

年代	白亜紀前期
分類	竜盤類　獣脚類
全長	1.5m
生息地	中国
食性	植物食
学名の意味	「北票(中国の地名)のトカゲ」

小型のテリジノサウルス類。体が小さいぶん体温を奪われやすいが、体をおおう毛や羽毛で、雪が降ることもある寒い冬をのりこえる。羽毛には、景色と体の色をなじませて身をかくす役割もあると考えられているが、はっきりとはわからない。捕獲して調査せよ!

白亜紀前期の地図

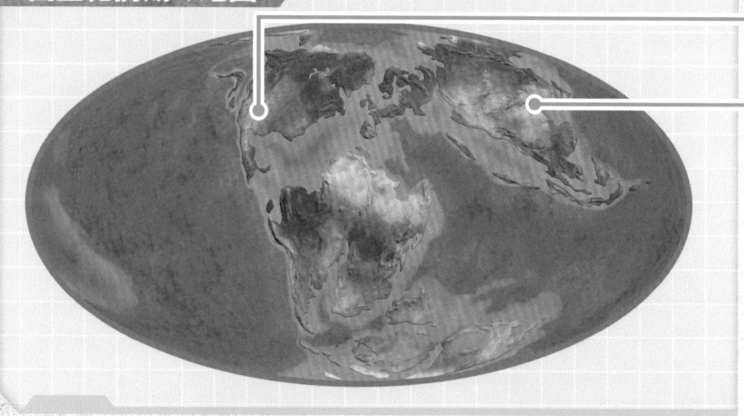

日本にもテリジノサウルス類のなかまがいた!

Paralitherizinosaurus

パラリテリジノサウルスは、2022年に名前がついたばかりのとても新しい日本の恐竜。じつは2000年に北海道中川町で前あしの爪とほんの少しのそれ以外の部分の化石が発見されていたが、化石が少なすぎて、ほかのテリジノサウルス類の研究が進むまで20年以上も新種として認められないままだった。見つかった前あしの爪はほかのテリジノサウルス類よりも細長く、爪を閉じる力が弱かったのではないかとか、爪を使うのが苦手だったのではないかなど、いろいろな仮説がたてられているが、やはり化石の少なさのせいで、その答えはほとんどなぞに包まれている。中川町は日本でも有数の化石がたくさん出る場所だ。中川町の発掘隊になって、パラリテリジノサウルスのなぞをとく新たな化石を見つけるのは、君かもしれない。

ターゲット

No. 16

ティラノサウルス

史上最強！恐竜界の帝王

Tyrannosaurus

Data

年代	白亜紀後期
分類	竜盤類　獣脚類
全長	12～13m
食性	肉食
学名の意味	「暴君トカゲ」

あらゆる能力がけたちがい！恐竜界の頂点に君臨。

恐竜界でもぬきんでたかむ力と、がんじょうなあご、バナナのような極太の歯で、トリケラトプスなどの大型恐竜も骨ごとかみくだいて飲みこむ。1日2kgも体重が増える急激な速度で成長し、圧倒的なパワーやすぐれた視覚と嗅覚を手にするティラノサウルスは、肉食恐竜の〝究極の進化系〟という意味で「超肉食恐竜」とも呼ばれている。

生息地マップ

アメリカ、カナダ

Check!

ティラノサウルスの頭骨。
人間ならひと飲みの大きさ。

Courtesy of The Royal Saskatchewan Museum

作戦会議

捕獲のポイント

◆人間よりもあしが速いぞ。
◆驚くほど小さい前あしに着目せよ！

博士の言葉

ティラノサウルスは、秒速8mと、1秒で学校の教室を通り抜けてしまうくらいあしが速く、立ち向かえば逃げることさえできずにひと飲みにされてしまうだろう。そのスピードや、すぐれた嗅覚、巨大な頭部に比べて前あしが異様に小さい体型など、ティラノサウルスの特徴を逆手にとれ！

アイテムボックス

プシッタコサウルス
ガリミムス
ロープ

ミッション
ティラノサウルスを捕まえろ！
1 プシッタコサウルスのにおいでおびきだせ！
プシッタコサウルスのウンチや尿から抽出した、肉食恐竜を誘うにおい成分をしみつかせたタオルを持って、森に入ろう。
アイテム
プシッタコサウルスを使った！

2 ガリミムスで誘導せよ！

迫りくるティラノサウルス！　ガリミムスに乗って走りながら、ロープを張った場所に誘導しよう！　狩りに夢中になるあまり、ティラノサウルスはあしもとのロープに気がつかない!!

アイテム

ガリミムスを使った！

3 ティラノサウルスを転ばせろ!!

ガリミムスはロープを飛び越えるが、ティラノサウルスはロープに引っかかり、マットに転倒！　巨大な頭が重すぎて、かんたんには起き上がれない。そのすきに口をしばってしまえば、あごを開く力はかむ力ほど強くないので、安全を確保できる。

ティラノサウルス
GET!

ティラノサウルス類のなかまを捕まえろ！

世界中で生態系のトップに君臨したティラノサウルス類。すぐれた脳と破壊力ばつぐんのあごをもつ巨大な頭部は、まさに「覇者のつらがまえ」だが、転ぶとかんたんには起き上がれない弱点にもなる。うまく転ばせよう！

タルボサウルス

年代	白亜紀後期
分類	竜盤類　獣脚類
全長	10ｍ
生息地	モンゴル
食性	肉食
学名の意味	「おそるべきトカゲ」

ティラノサウルスよりひとまわり小さいが、アジアでは最大級の肉食恐竜。がんじょうなキバとあごで、デイノケイルスやサウロロフスの肉を骨からはがしてたいらげてしまう。

ゴルゴサウルス

年代	白亜紀後期
分類	竜盤類　獣脚類
全長	8～9ｍ
生息地	カナダ、アメリカ
食性	肉食
学名の意味	「おそろしいトカゲ」

同じ地域にすむズールをおそい、はげしい戦いをくりひろげる。ズールの尾の“こんぼう”攻撃がすねに命中し、あしをいためているゴルゴサウルスがいれば、捕獲のチャンスだ。

白亜紀後期の地図

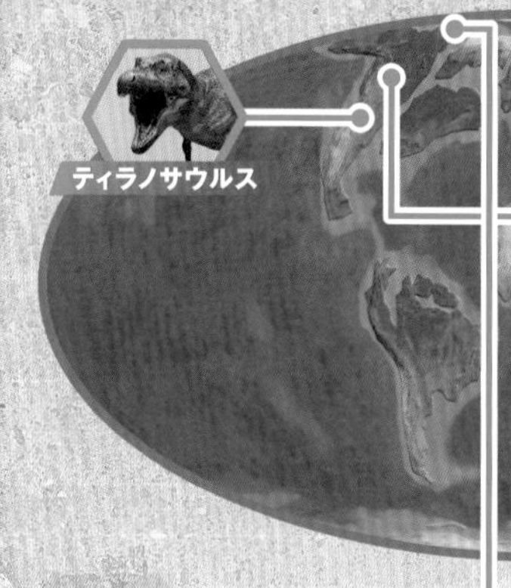

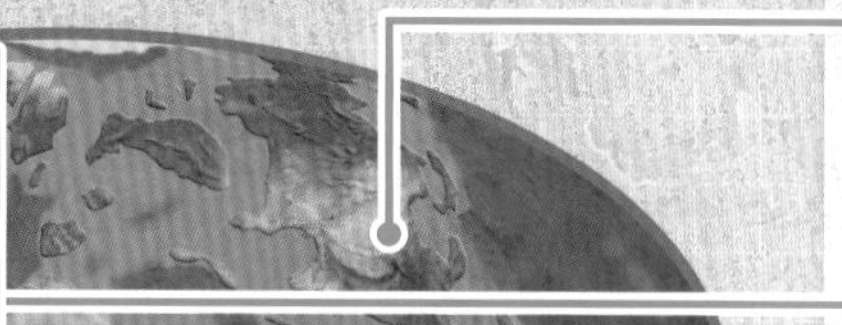

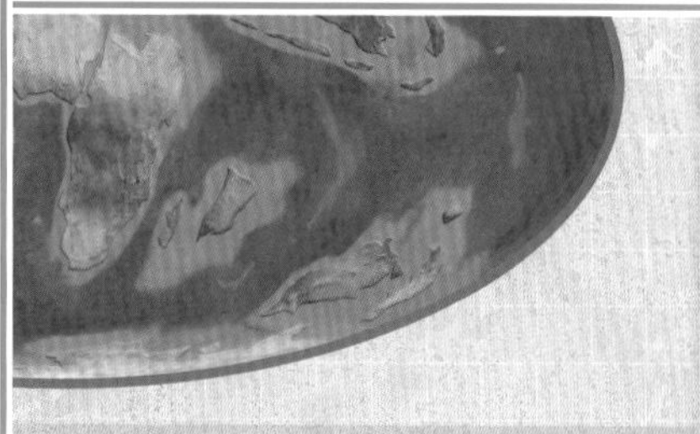

ディロン

Dilong

原始的なティラノサウルス類。小さい体に長い前あしと、ティラノサウルス類らしさはまだあまりない。全身が羽毛でおおわれているぞ。

年代	白亜紀前期
分類	竜盤類　獣脚類
全長	1.6～2m
生息地	中国
食性	肉食
学名の意味	「皇帝の竜」

ナヌークサウルス

Nanuqsaurus

北極海に近い地域にすむ。体はそれほど大きくないが、なまはんかな装備で捕まえに行けば、捕獲するまえに凍え死んでしまうぞ。

年代	白亜紀後期
分類	竜盤類　獣脚類
全長	6m
生息地	アメリカ
食性	肉食
学名の意味	「ホッキョクグマのトカゲ」

この足跡、何の恐竜？

A
指先にするどい
爪のあとがある足跡

B
指先が丸い
3本指の足跡

推理してみよう！

A～Dの足跡は、
どの恐竜の足跡でしょう？
左の4つから
それぞれ選んでみよう！

獣脚類

竜脚形類

よろい竜類

鳥脚類

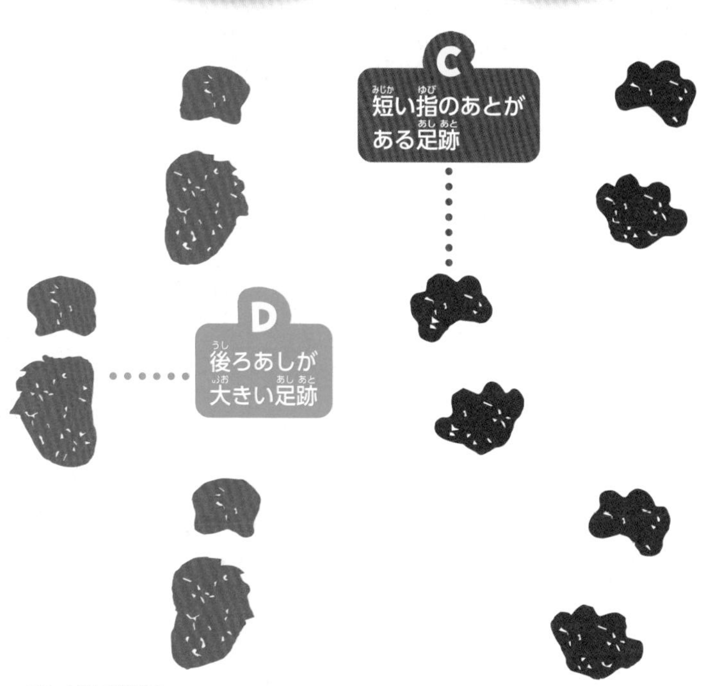

協力：富山市科学博物館

恐竜の足跡の形をよく見ると、その足跡の主の種類を推理することができる。Ⓐのような、3本の指がほぼ左右対称で、指先にするどい爪のあとがある足跡は、獣脚類のもの。Ⓑのような、指先が丸い3本指の足跡は、鳥脚類のもの。ほとんどの鳥脚類はⒷのように2足歩行をしていたが、4足歩行をするなかまもいた。Ⓒのような、うちわに似た形の足跡は、よろい竜類のもの。4足歩行で、前あしと後ろあしの指の数がちがうぞ。Ⓓのような、後ろあしが前あしの倍ほども大きい足跡は、竜脚形類のものだ。後ろあしの足跡は、1mほどもある巨大なもので、大型の竜脚形類が歩いたあとにできたぬかるみにはまって死んでしまう恐竜もいたほどだ。

さらに恐竜の足跡からは、歩いたり走ったりするスピードや、群れで行動したかどうか、その恐竜があしが不自由だったかどうかまでわかってしまう。足跡や卵、ふんなどの化石は、生活のこんせきの化石という意味で「生痕化石」と言って、恐竜のくらしを伝える重要な手がかりなのだ。

3章

恐竜以外の生き物をGETしよう

白亜紀には、恐竜以外にもたくさんの生き物がくらしていた。翼竜類やモササウルス類、その他の生き物も現代では見られないめずらしい生き物たちだ。捕獲して調査しよう！

こんな生き物がいるぞ！

翼竜類

空を飛ぶは虫類

モササウルス類

海にすむは虫類

クビナガリュウ類

海にすむは虫類

アンモナイト類

イカやタコに近いなかま

この章で使うアイテム

プテラノドン

ドローン

布

ケージ

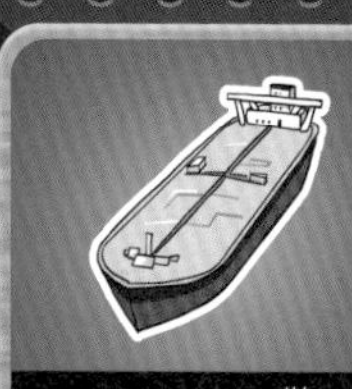
タンカー船

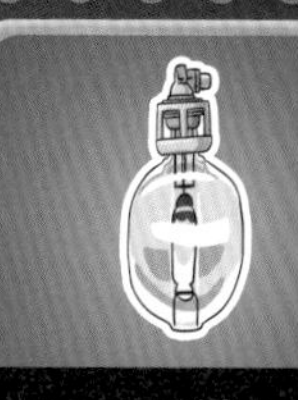
ライト

発信機

タコかご

船

ターゲット No. 17

ケツァルコアトルス

飛べなかった!? 史上最大級の翼竜類

Data	
年代	白亜紀後期
分類	翼竜類
翼開長	10m
食性	魚食
学名の意味	「翼のあるヘビ」

史上最大級の飛行生物は、歩くほうが好き?

白亜紀末期、大量絶滅期直前に生きた、頭に小さなトサカのあるタイプの進化的な翼竜類。翼を広げたときの幅は10mをこえる。これは現代の小型飛行機並みの大きさで、空を飛ぶことができる動物の中で、史上最大級をほこる。もっとも、大きすぎて飛ぶことはあまり得意ではなく、地上を歩いて生活する時間が長いようだ。

生息地マップ

アメリカ

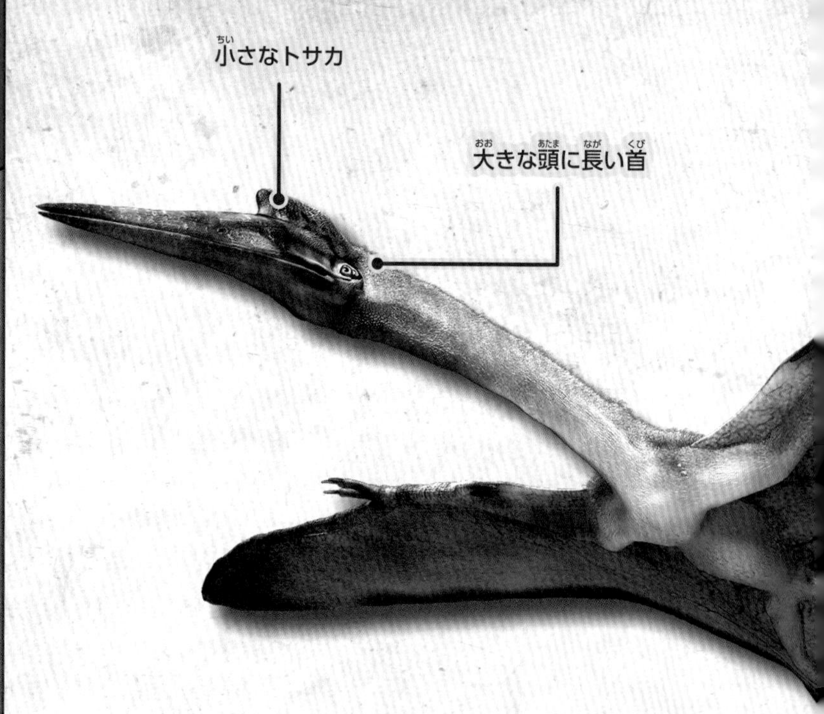

作戦会議

捕獲のポイント

- 立っているだけでもキリン並みに大きいぞ！
- クチバシに注意せよ！

博士の言葉

飛ぶのが苦手なケツァルコアトルスを捕獲するなら、地上にいるときだ。ただし、歩くケツァルコアトルスは、たとえるなら「凶悪なキリン」のよう。とんでもない背の高さからくり出される巨大クチバシのつきは危険きわまりないぞ。クチバシ攻撃をさける方法を考えるのだ！

アイテムボックス

ドローン

布

ミッション

ケツァルコアトルスを捕まえろ！

1 早朝をねらえ！

活発に動きはじめる前の、「ねぼけまなこ」のケツァルコアトルスを探そう。

2 ドローンで上から近づこう！

ドローンで巨大な布を広げ、上空から近づこう。

アイテム

ドローンを使った！

3 布をかぶせよう！

布をおろして、頭全体をおおってしまおう！　何も見えなくなると、ケツァルコアトルスはおとなしくなる。地上で布のはしをしばってクチバシを封じよう。

ターゲット

No. 18

どうもうな海の征服者

モササウルス

海の王座へかけあがった巨大生物！

白亜紀の半ばに登場し、わずか数百年という短い時間で海の生態系の頂点にのぼりつめたモササウルス類の中でも、モササウルスはけたちがいの大きさをほこる。白亜紀の海で最大級の生き物で、頭も巨大。するどい歯と強力なあごで、貝類やウミガメのようなかたいからをもつ生物さえおそう、白亜紀最強の海の征服者だ。

生息地マップ

アメリカ、オランダ、南アフリカ、ブラジル、日本などの海

Data

年代	白亜紀後期
分類	有鱗類　モササウルス類
全長	12～18m
食性	肉食
学名の意味	「マース川(ヨーロッパの川)のトカゲ」

作戦会議

捕獲のポイント

◆人間との力の差がありすぎて、捕まえることは不可能。

◆身を守る方法を考えろ！

博士の言葉

観光バスよりも大きい体で、海の中を自由自在に高速で泳ぎまわるモササウルスに、もはやわれわれ人間はなすすべもない。捕まえることはあきらめて、できるだけ近くで生態の調査を行う方法を考えるのだ。モササウルスのするどい歯から、いかに身を守るかがポイントだぞ。

アイテムボックス

プテラノドン

ケージ

ミッション

モササウルスを捕まえろ！調査せよ！

1「支配領域」を探せ！

外洋をパトロールするプテラノドンのカメラが、息つぎのために海面に上がってきたモササウルスの巨大なシルエットをとらえたら、そのあたりはモササウルスのテリトリーだ。

アイテム
プテラノドンを使った！

2 ケージで水中へ！

船でモササウルスの生息域に着いたら、しっかりと潜水装備を身につけ、がんじょうなケージ（おり）に入ろう。

3 モササウルスを調査せよ！

ケージごと海の中におりていき、モササウルスと対面して生態を調査しよう。いずれそのデータをもとに、新たな恐竜ハンターがモササウルスの捕獲方法を発見するかもしれない。

ターゲット
No. 19

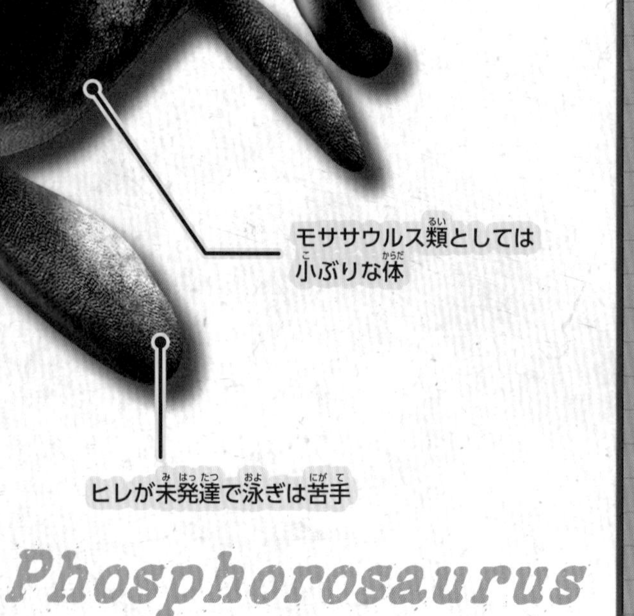

暗い海のハンター、そのひけつは目！

フォスフォロサウルスは、モササウルス類の中では小型だが、夜の海での狩りにはばつぐんのうでをもつ。月明かりや日没の薄明かりのようなわずかな光も感じ取り、影のゆらぎをうまくその目でとらえて獲物をハントする。大型のモササウルス類やサメなどが支配する昼間の海をさけ、暗がりに特化した「忍者」のような生物なのだ。

生息地マップ

日本の海

Data

年代	白亜紀後期
分類	有鱗類　モササウルス類
全長	3m
食性	肉食
学名の意味	「リン酸トカゲ」

作戦会議

捕獲のポイント

◆イカを食べていた。
◆現代のイカの捕まえ方に注目！

博士の言葉

フォスフォロサウルスの化石が発見された北海道むかわ町では、イカの化石も見つかっている。もちろんイカは、フォスフォロサウルスのかっこうの獲物だ。現代では、イカをどのように捕まえているのか？　それをヒントに、フォスフォロサウルスをおびきよせる方法を考えるのだ！

アイテムボックス

タンカー船

ライト

フォスフォロサウルスを捕まえろ！

1 タンカー船で沖へ出よう！

夜に特別なタンカー船で海にくり出そう。このタンカー船は、船底を開けて海の生き物を誘いこむことができるぞ。

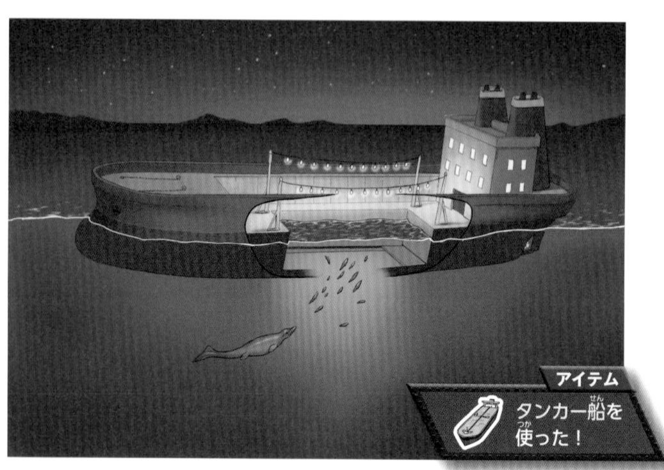

2 イカを集めよう！

強力なライトをつけよう。すると、ライトの明かりに誘われて、イカがどんどんよってくる。このライトを「集魚灯」や「漁火」というぞ。イカたちが発光して、さらに海面が明るくなっていく！

3 船底を閉めろ！

たくさんのイカを目当てにフォスフォロサウルスがやってくる！　すかさず船底を閉じて、捕獲しよう。

ターゲット No.20

フタバサウルス

長～い首の愛すべき日本固有種

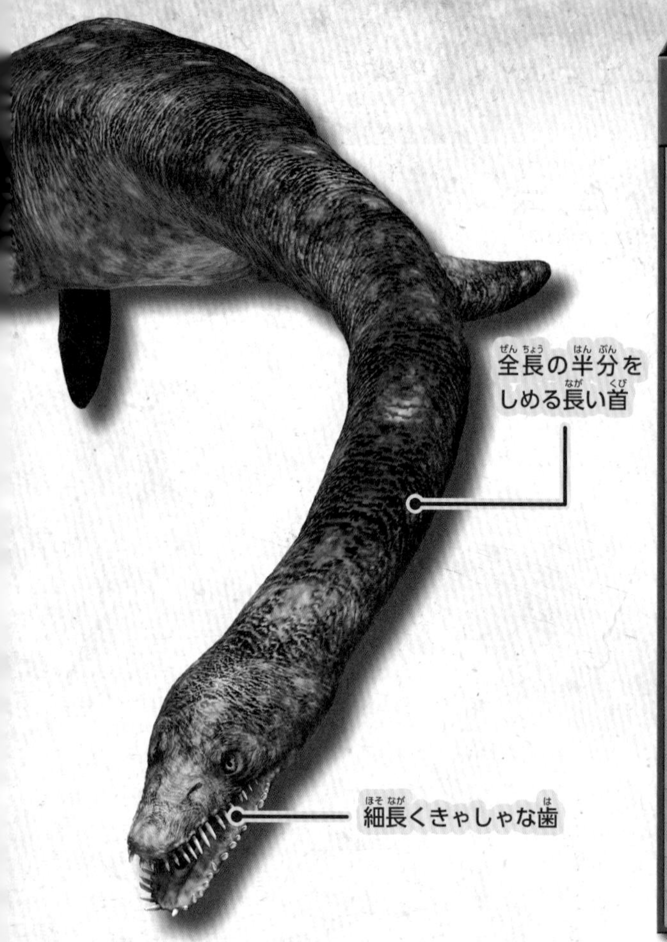

ユニークな姿で日本を泳ぐは虫類。

小さな頭と長い首という、海の動物ではめずらしい姿をしたは虫類、クビナガリュウ類のなかま。あごがそれほど強くなく、歯も細長くきゃしゃで、大型の獲物をとるのにむいていない。日本の固有種で、のちに日本列島となる白亜紀の北西太平洋をすいすい泳ぎ、コウモリダコなどの頭足類や海底の貝などをねらって首をのばす。

生息地マップ

日本の海

Check!

日本で初めて発見されたクビナガリュウ類である、フタバサウルスの全身復元骨格。

©福島県立博物館

4つのヒレあしで海を泳ぐ

Futabasaurus

捕獲レベル
★★

Data

年代	白亜紀後期
分類	クビナガリュウ類
全長	7m
食性	肉食
学名の意味	「双葉層(福島県の地層)のトカゲ」

作戦会議

捕獲のポイント

- 陸に上がることができない。
- 群れからはぐれると危険!

博士の言葉

フタバサウルスは、陸に上がることができない。陸上では体重にたえられないので、肋骨や関節が自分の内臓を守ることや、はって動くことができないのだ。もし大型のモササウルスやサメなどから逃げるうちに、群れからはぐれて浅瀬に迷いこんでしまったら、フタバサウルスの命が危ない!

アイテムボックス

プテラノドン
発信機

フタバサウルスを捕まえろ！

1 プテラノドンを飛ばせ！

プテラノドンに海岸を探させよう。浅瀬に迷いこんでしまったフタバサウルスがいたら、現場に急行しよう！

2 救助せよ！

打ち上げられたフタバサウルスをおして海へかえそう！弱ってしまわないように海水をかけたり、まわりの砂を掘ったりしながら、少しずつ海に近づけていこう。そのときに、調査用の発信機をつけておくのを忘れずに。

3 ストランディングの原因を調査せよ！

クジラやイルカが打ち上げられることを「ストランディング」という。現代でもストランディングがおきてしまう理由はよくわかっていない。発信機をつけたフタバサウルスのその後のくらしをよく調査することで、ストランディングの原因が解明できるかもしれないぞ！

ターゲット

No.21

海のふしぎなうずまき生物 アンモナイト類

ニッポニテス

Nipponites

捕獲レベル ★

ヘビが複雑にとぐろを巻いたようなからの異常巻きアンモナイト

Data

年代	白亜紀後期
分類	頭足類　アンモナイト類
全長	5～6㎝
生息地	日本、ロシアなど
食性	肉食
学名の意味	「日本の石」

じつは1つの法則で巻いているふしぎなから。

アンモナイト類には、カタツムリのようにすきまなくらせんをえがくからをもつ「正常巻きアンモナイト」と、そうした形のからをもたない「異常巻きアンモナイト」がいる。アナゴードリセラスは正常巻き、ニッポニテスは異常巻きで、まったくちがった姿に見えるが、からの巻き方はじつは同じ数式であらわすことができるのだ。

生息地マップ

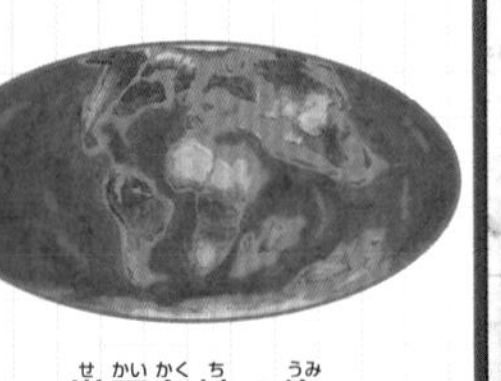

世界各地の海

アナゴードリセラス

Anagaudryceras

正常巻きアンモナイト

Data

年代	白亜紀後期
分類	頭足類　アンモナイト類
全長	10～15cm
生息地	世界各地の海
食性	肉食
学名の意味	「ゴードリセラス*に近いもの」

＊正常巻きアンモナイト。

作戦会議

アイテムボックス

捕獲のポイント

- かたいからで身を守っている!
- すばやく泳ぐのは苦手だ。

博士の言葉

アンモナイト類は、かたいからで身を守ることができるかわりに、すばやく泳ぐのが苦手だ。また、せまくていりくんだ所に入ってしまったら、出ることができないぞ。

アナゴードリセラスとニッポニテスの両方がすむ北海道の海なら、一気に2種捕まえられるかもしれない!

アンモナイト類を捕まえろ！

1 「タコかご」を作ろう！

入り口がせまくなっているかごを作ろう。かごの中には、魚の切り身や丸めたパンくずを入れよう。

アイテム
タコかごを使った！

2 沖にくり出そう！

船で沖へ出よう。アンモナイト類がすんでいることの多い深い海に向けて、タコかごをいくつもしずめよう。

アイテム
船を使った！

3 タコかごを引き上げよう！

タコかごを引き上げたら、アナゴードリセラスやニッポニテスが入っている！

恐竜たち、さようなら！

調査を終えたら、捕まえた恐竜たちを元いた世界に帰そう。野生に帰す前に、人間と過ごした時のことを頭の中から消しておくのを忘れずに。

私のディノニクスは、親をなくして死にかけていたところを保護した恐竜だ。そのような本来の歴史なら死んでいたはずの恐竜は、野生に帰せない。最期までかれらの世話をするのも恐竜ハンターの務めだ。残った恐竜には、これからも恐竜ハントや研究に協力してもらおう。

そして野生に帰っていく恐竜にはお別れを言おう。かれらはこれからも、かこくな白亜紀の世界で他の恐竜と戦ったり、おそわれたり、病気になったり、

子孫を残したりしながらたくましくくらしていくだろう。もしかすると、巨大隕石による大量絶滅にまきこまれる恐竜もいるかもしれない。

かれらにまた会うことはきっともうないが、私たちはかれら恐竜たちの強さや、かしこさ、美しさを知ることができた！

そんなすばらしい研究結果をくれた恐竜たちに、

ありがとう！

そして

さようなら！

それから立派な恐竜ハンターになった君！　たくさんの恐竜を調査したが、恐竜の生態はまだまだなぞでいっぱいだ！　これからもたくさん働いてもらうぞ。次のミッションでまた会おう！

恐竜に会いに、博物館へ行こう！

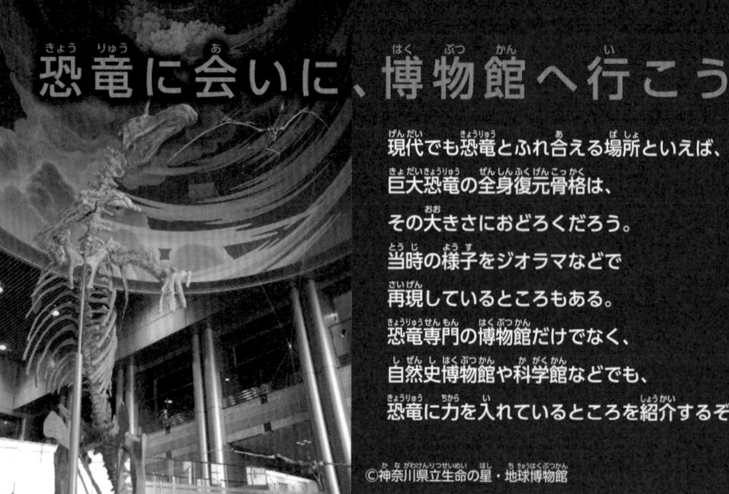

現代でも恐竜とふれ合える場所といえば、博物館。
巨大恐竜の全身復元骨格は、
その大きさにおどろくだろう。
当時の様子をジオラマなどで
再現しているところもある。
恐竜専門の博物館だけでなく、
自然史博物館や科学館などでも、
恐竜に力を入れているところを紹介するぞ。

©神奈川県立生命の星・地球博物館

三笠市立博物館

◆住所／北海道三笠市幾春別錦町1-212-1
◆電話／01267-6-7545
◆料金／高校生以上450円、小・中学生150円、未就学児無料
https://www.city.mikasa.hokkaido.jp/museum/

およそ1億年前の地層が分布する三笠市は、アンモナイト化石の産地として世界的に有名。日本一大きいアンモナイトを始め、約600点のアンモナイト化石を展示する。三笠で発見されたモササウルスの新種「エゾミカサリュウ」の頭骨化石など、海棲は虫類化石もそろっている。

むかわ町穂別博物館

◆住所／北海道勇払郡むかわ町穂別80-6
◆電話／0145-45-3141
◆料金／大人300円、小学生から高校生100円、未就学児無料
http://www.town.mukawa.lg.jp/1908.htm

日本を代表する大型恐竜のひとつ「カムイサウルス」の発見地にある博物館。カムイサウルスの標本が常設展示されている。他にも、全長8mのクビナガリュウ類「ホベツアラキリュウ」の全身復元模型など、むかわ町穂別地域で発掘された化石をおもに展示する。

岩手県立博物館

◆住所／岩手県盛岡市上田字松屋敷34
◆電話／019-661-2831
◆料金／大人330円、学生150円、高校生以下無料
https://www2.pref.iwate.jp/~hp0910/

日本最初の恐竜化石「モシリュウ」(1978年、岩泉町茂師で発見) の上腕骨を展示。モシリュウは竜脚類と考えられており、その近縁の可能性のあるマメンチサウルスの全身復元骨格がエントランスホールで出むかえてくれる。化石のレプリカづくり「たいけん教室」も開催。

ミュージアムパーク茨城県自然博物館

◆住所／茨城県坂東市大崎700 ◆電話／0297-38-2000
◆料金／大人540円、満70歳以上270円、高校・大学生340円、小・中学生100円※通常期（企画展が開催されていないとき。本館と野外施設共通券）
https://www.nat.museum.ibk.ed.jp/

屋内展示がある本館と公園のような野外施設からなり、約15.8ha（東京ドーム約3個分！）もの広さをほこる。常設展示の動く恐竜ジオラマでは、白亜紀末期の北アメリカ大陸の様子が再現され、ティラノサウルスとトリケラトプスの模型がリアルに動き、迫力満点だ。

群馬県立自然史博物館

◆住所／群馬県富岡市上黒岩1674-1 ◆電話／0274-60-1200
◆料金／大人510円、高校・高専・大学生300円、中学生以下無料※常設展のみ。企画展開催中は特別料金（常設展観覧料も含む）
https://www.gmnh.pref.gunma.jp/

ティラノサウルスの動く実物大模型や全長15mのカマラサウルスの骨格標本などが人気。トリケラトプスの発掘現場を再現した「ボーンベッド」では、とうめいなガラスの上を歩いて観察することができる。毎週土曜日の体験教室（サイエンス・サタデー）などのイベントも開催。

神流町恐竜センター

◆住所／群馬県多野郡神流町大字神ヶ原51-2
◆電話／0274-58-2829
◆料金／高校生以上800円、小・中学生500円
https://dino-nakasato.org/

恐竜に特化した関東でただ一つの施設。日本で初めて恐竜の足跡の化石が発見された神流町（旧中里村）にある。恐竜ロボットによるライブシアターでは、楽しく恐竜の生態と歴史を学べる。とくにモンゴルの恐竜がそろい、「格闘恐竜」も常設展示。化石発掘体験なども定期的に開催。

国立科学博物館

◆住所／東京都台東区上野公園7-20
◆電話／050-5541-8600
◆料金／大学生以上630円、高校生（高専生ふくむ）以下無料※常設展
https://www.kahaku.go.jp/

国立でただ一つの総合科学博物館。地球館・地下1階の「恐竜の謎を探る」エリアは必見。ティラノサウルスやトリケラトプスなど大型恐竜の骨格標本が所せましとならぶ。本物の化石による展示も多い。数年おきに開催されている恐竜の特別展「恐竜博」も人気を博している。

神奈川県立生命の星・地球博物館

◆住所／神奈川県小田原市入生田499　◆電話／0465-21-1515
◆料金／20歳以上65歳未満（学生を除く）520円、15歳以上20歳未満・学生（中学生・高校生を除く）300円、高校生・65歳以上100円、中学生以下無料※常設展
https://nh.kanagawa-museum.jp/

全長約10mのチンタオサウルスがお出むかえ。ティラノサウルスの全身骨格などを「恐竜の時代」コーナーに展示する。なかでも注目はエドモントサウルス。ほとんど実物化石のパーツから組み立てられている。また、ティラノサウルスを始め10種類以上の歯の実物化石を見ることができる。

富山市科学博物館

◆住所／富山市西中野町1-8-31　◆電話／076-491-2123
◆料金／大人530円、高校生以下無料※プラネタリウム1回の観覧料をふくむ
https://www.tsm.toyama.toyama.jp/

国内初となるアンキロサウルス類の足跡化石や翼竜足跡化石など、「恐竜の足跡化石」がたくさん見つかっている富山市にあり、めずらしい恐竜の足跡化石を間近に見ることができる。動くティラノサウルスの復元模型やアロサウルスの全身骨格なども展示している。

福井県立恐竜博物館

◆住所／福井県勝山市村岡町寺尾51-11かつやま恐竜の森内
◆電話／0779-88-0001　◆料金／大人1000円、高校・大学生800円、小・中学生500円、70歳以上500円、未就学児無料※常設展
https://www.dinosaur.pref.fukui.jp/

恐竜化石の一大産地として知られる福井県勝山市にある、世界でも有数規模の恐竜博物館。2023年にリニューアルオープン。常設展示が大きく変わり、新館が増築された。約50体の恐竜の全身骨格標本や、巨大なジオラマ、CG映像（ダイノシアター）など見所いっぱい。

大阪市立自然史博物館

◆住所／大阪府大阪市東住吉区長居公園1-23
◆電話／06-6697-6221　◆料金／大人300円、高校・大学生200円、中学生以下無料、大阪市内在住の65歳以上無料
https://omnh.jp/

恐竜がいるのは、「地球と生命の歴史」がテーマの第2展示室。ステゴサウルスやアロサウルスなどの全身骨格を始め、ティラノサウルスやトリケラトプスの頭骨、プロトケラトプスの巣と卵などが展示され、見応えたっぷり。

北九州市立いのちのたび博物館

◆住所／福岡県北九州市八幡東区東田2-4-1
◆電話／093-681-1011　◆料金／大人600円、高校生以上360円、小・中学生240円、未就学児無料
https://www.kmnh.jp/

西日本最大規模の総合博物館。自然史ゾーン「アースモール」では、「スー」として知られる世界最大のティラノサウルスをはじめ、10体以上の全身復元骨格を展示する。白亜紀の北九州を再現したジオラマで、さまざまな恐竜ロボットが動く「エンバイラマ館」にも注目。

御船町恐竜博物館

◆住所／熊本県上益城郡御船町大字御船995-6
◆電話／096-282-4051　◆料金／大人500円、高校・大学生300円、小・中学生200円、未就学児無料
https://mifunemuseum.jp/

日本初の肉食恐竜（「ミフネリュウ」ともよばれる）の化石などの発見地にある。19もの全身骨格をならべた「恐竜進化大行進」は大迫力。「オープンラボ」では、ふだん見ることのできない研究施設や作業風景が見学できる。化石のクリーニングなど、月がわりの体験教室もある。

もっと知りたいコラム

恐竜や古生物のことをもっと知りたい人のために、本編に入りきらなかったお話を説明します。

【ディノニクス】

デイノニクスには毎年同じ巣に卵を産む習性がある

（▼21ページ）

この本の中での設定です。アメリカ・モンタナ州で見つかったトロオドンの巣の化石から、トロオドンが同じ巣を産卵期のたびに少しほり返し、その上に新しい卵を産んで再利用した痕跡が見つかっています。このトロオドンの例を参考に、デイノニクスが同様の習性をもつように設定しました。

【プシッタコサウルス】

子どものときには、巨大なネズミのようなほ乳類、レペノマムスに食べられることもあったようだ

（▼28ページ）

恐竜の時代、ほ乳類は「小さなネズミのような姿をしていて、恐竜のかげにおびえながらくらしていた」というイメージがあるかと思います。そのイメージはまちがいではないのですが、空を飛んだり、水中を泳いだりするものもいました。レペノマムスもそうした「ちょっと変わった種」のひとつで、何が特別かといえば、12～14kgほどと、現代の中型犬くらいの大きさがありました。さらに、がっしりとしたあごをもち、そこにはするどい歯もならんでいました。レペノマムスの化石の胃の位置から、プシッタコサウルスの幼体が発見されています。

【プテラノドン】

オスの方がメスより体もトサカも大きい!?

（▼33ページ）

動物の姿形が性別によってことなることを「性的二型」と言います。恐竜類や翼竜類でも性的二型らしい特徴は確認されていますが、化石から性別を特定することはとても難しいです。現生の動物では、オスの方が大きく、同種の間で争う行動をとることが多いため、「大きい方のプテラノドンはオスだろう」などと考えられていますが、実は、ほとんどの場合どちらがオスでどちらがメスなのかわかっていません。

【トリケラトプス】

広い川を渡る途中でおぼれてしまったセントロサウルスの化石がカナダで発見されている（▼39ページ）

セントロサウルスがおぼれた理由は、川を渡ろうとしたためではなく、洪水にまきこまれたためであるという見方もあります。そのため、セントロサウルスが現代のヌーのように「川渡り」をしたかどうかは、わかっていません。

【プロトケラトプス】

「闘争化石」（▼42ページ）

1971年、モンゴル南部ゴビ砂漠の白亜紀の地層から発見された化石です。ヴェロキラプトルとプロトケラトプスの戦いの様子がそのまま化石になったと考えられ、その名（Fighting Dinosaurs）がつきました。戦いの途中、砂嵐で生きうめになったことでできた、と考えられています。戦いのシーンを復元したものではなく、「このままの姿勢」で発見されためずらしい化石です。

【ズール】

「門の神ズール」（▼48ページ）

よろい竜ズールの学名は、映画『ゴーストバスターズ』に登場するキャラクター「門の神ズール」にちなんで名づけられました。門の神ズールは、破壊の神ゴーザの門番で、ズールの大きな特長である頭部の横の大きなトゲがよく似ています。

【ボレアロペルタ】

天敵の目につかないよう赤茶色の肌で地面にまぎれる「カウンターシェーディング」が確認されている（▼52ページ）

動物の体の、光の当たる部分が暗い色に、日陰になる部分が明るい色になることを「カウンターシェーディング」と言います。たとえばサメやイルカは背中側がこいグレーで、お腹側が白っぽくなっています。このような色あいはさまざまな種類の動物に共通して見られるので、恐竜にも「カウンターシェーディング」があっただろうと考えられています。ボレアロペルタやプシッタコサウルスは、化石に残された〝色素の痕跡〟から実際に「カウンターシェーディング」が確認されています。

【カムイサウルス】

全身の約8割もの化石が見つかり、世界中で驚かれた

（▼64ページ）

動物の化石は個体が大きくなるほど残りにくいと言われています。カムイサウルスは8mもある大型の恐竜ですが、頭骨をふくめ約8割が見つかりました。これは日本初で、世界的にもめずらしい例です。「むかわ竜」と呼ばれていましたが、2019年に新属新種の恐竜と認定され、カムイサウルスという正式な名前がつきました。

【スピノサウルス】

大河の生態系の頂点に君臨していた（▼76ページ）

スピノサウルスは、陸棲か、水棲かで、研究者の間でも意見が分かれています（82～83ページ「なぞに包まれたスピノサウルスの正体」参照）。2014年に発表された、シカゴ大学（アメリカ）にいたニザール・イブラヒムさんたちによる論文の「4足歩行、そして水棲である」という説は非常に大きなインパクトをあたえました。『角川の集める図鑑GET！ 恐竜』では、水棲説に基づくイラストが掲載されています。それに合わせ、この本でも水棲説をとっています。

【ミクロラプトル】

地面に落ちている葉（▼87ページ）

地面に落ちている葉は、「イチョウ・アポデス（Ginkgo apodes）」という絶滅したイチョウのなかまをモデルにしています。現代の街路樹などで見かけるイチョウの葉とちがい、指のような形の葉が特

長的です。このような植物も化石として発見されることがあり、恐竜がくらしていた環境を知る手がかりになります。

【ペレカニミムス】

原始的なダチョウ恐竜で、クチバシに220本もの歯が生えていた（▼95ページ）

ペレカニミムスは口元にぎっしりと歯が生えていたようです。「ダチョウ恐竜」は進化するにつれて、歯をなくしていくため、歯の多いペレカニミムスは原始的な種とされています。では、なぜ、ダチョウ恐竜は進化の過程で歯をなくしたのでしょうか？　肉食から植物食・雑食に変わったからだと言われていますが、はっきりとした理由はわかっていません。

【ケツァルコアトルス】

大きすぎて飛ぶことはあまり得意ではなく（▼114ページ）

大型の翼竜類は、（自分の力で）羽ばたくのではなく、（自然発生する）上昇気流を捕まえて滑空飛行する、と考えられています。大型の翼竜類の中でも、最大級のケツァルコアトルスの大きさは、現代の小型飛行機並みで、「大きすぎて、飛ぶことができなかったのではないか」という説もあります。2022年には、「ケツァルコアトルスは、上昇気流を使って滑空飛行することは苦手だった」という論文が発表されました。では、飛ぶ用ではないとしたら、大きな翼は何に使われていたのでしょう？　なぞはつきず、議論もつきません。

【モササウルス】

白亜紀の半ばに登場し、わずか数百年という短い時間で海の生態系の頂点にのぼりつめたモササウルス類（▼118ページ）

モササウルス類は、ほっそりとしたもの、小型のものから、最大級の海棲は虫類になるものまで、さまざまな種がいました。白亜紀の半ばにあらわれ、数を増やし、大型化していきます。この本では、最後まで生き残ったモササウルス類の最大種で、モササウルス類とされる「モササウルス・ホフマニイ」を「モササウルス」として紹介しています。

あとがき

恐竜を始めとする古生物を研究するための方法は、〝現実世界〟では「化石」を研究することが中心です。

もしも、タイムマシンで過去に行き、〝生きている古生物〟を直接調べることができたとしたら……なぞの解明はいっきに進みます。そのためには、できるだけ古生物を傷つけずに捕らえる方法が必要です。この本では、編集さんやライターさんが、「どうやったら、恐竜たちを（安全に）捕獲することができるか」という点で話し合いを重ねました。私は、その話し合いのお手伝いをしました。

ハントの方法は一つではないはずです。みなさんも、この本にのっている古生物たちを捕らえる場合、「あの方法は使えないのかな？」と想像してみてください。あるいは、図鑑や博物館などで〝出会う〟古生物を「どうやったら安全に捕まえることができるのだろう？」と考えてみましょう。

生きたまま捕まえるためには、その古生物の情報が必要です。自分で情報を集め、分析し、ハントへ思いをはせる。みなさんも、そのワクワク感を楽しんでください。

2024年1月　サイエンスライター　土屋 健

おもな参考文献

※本書に登場する年代値は、とくに断りのないかぎり、
International Commission on Stratigraphy, 2023/06 INTERNATIONAL CHRONOSTRATIGRAPHIC CHARTを使用している。

書籍

小林快次、千葉謙太郎（監修）『角川の集める図鑑GET！恐竜』（KADOKAWA）2021年
土屋健（著）、群馬県立自然史博物館（監修）『白亜紀の生物 上巻／下巻』（技術評論社）2015年
D. E. Fastovsky、D. B. Weishampel（著）、真鍋真（監訳）、藤原慎一、松本涼子（訳）『恐竜学入門——かたち・生態・絶滅』（東京化学同人）2015年
Darren Naish、Paul Barrett（著）、小林快次、久保田克博、千葉謙太郎、田中康平（監訳）、吉田三知世（訳）『恐竜の教科書——最新研究で読み解く進化の謎』（創元社）2019年
David B. Weishampel、Peter Dodson、Halszka Osmólska（編）『The Dinosauria：2nd edition』（University of California Press）2004年
Gregory S. Paul（著）『The Princeton Field Guide to Dinosaurs：2nd edition』（Princeton University Press）2016年
Gregory S. Paul（著）『The Princeton Field Guide to Pterosaurs』（Princeton University Press）2022年
Gregory S. Paul（著）『The Princeton Field Guide to Mesozoic Sea Reptiles』（Princeton University Press）2022年
金田禎之（著）『日本漁具・漁法図説』（成山堂書店）2016年
小林快次（著）『ティラノサウルス解体新書』（講談社）2023年
土屋健（著）、河部壮一郎、田中源吾（協力）、ツク之助（絵）『恐竜たちが見ていた世界——悠久なる時をかけてよみがえる18の物語』（技術評論社）2023年
土屋健（著）、黒丸（絵）、松郷庵 甚五郎 二代目（料理監修）、古生物食堂研究者チーム（生物監修）『古生物食堂』（技術評論社）2019年
土屋健（著）、群馬県立自然史博物館（監修）、ツク之助（絵）『も〜っと！ 恐竜・古生物ビフォーアフター』（イースト・プレス）2023年
土屋健（著）、田中源吾、冨田武照、小西卓哉、田中嘉寛（監修）『海洋生命5億年史——サメ帝国の逆襲』（文藝春秋）2018年
土屋健（著）、林昭次（監修）、ACTOW（徳川広和・山本彩乃）（絵）『ほんとうは“よわい恐竜”じてん——それでも、けんめいに生きた古生物』（KADOKAWA）2022年
BIRDER編集部（編）『羽毛恐竜完全ガイド（BIRDER SPECIAL）』（文一総合出版）2023年
松川正樹（著）『恐竜ハイウェー——足跡が明かす謎の生態』（PHP研究所）1998年
『恐竜・古生物ILLUSTRATED——よみがえる陸・海・空の覇者たち（ニュートンムック Newton別冊）』（ニュートンプレス）2010年
『恐竜の時代——1億6000万年間の覇者（ニュートンムック Newton別冊）』（ニュートンプレス）2007年

図録

「恐竜の卵——恐竜誕生に秘められた謎（福井県立恐竜博物館）2017年
「恐竜博2023」（国立科学博物館、朝日新聞社）2023

学術論文

David J. Varricchio, Paul C. Sereno, Zhao Xi-jin, Tan Lin, Jeffrey A. Wilson, Gabrielle H. Lyon, 2008,Mud-trapped herd captures evidence of distinctive dinosaur sociality, 2008, Acta Palaeontologica Polonica 53 (4): 567–578.
Jakob Vinther, Robert Nicholls, Diane A. Kelly, 2020, A cloacal opening in a non-avian dinosaur, 2021, Current Biology 31, R161–R185
Lars Schmitz, Ryosuke Motani, 2011 Nocturnality in Dinosaurs Inferred from Scleral Ring and Orbit Morphology, 2011, SCIENCE Vol 332, Issue 6030 pp.705-708 DOI: 10.1126/science.1200043
Paul C Sereno, Nathan Myhrvold, Donald M Henderson, Frank E Fish, Daniel Vidal, Stephanie L Baumgart, Tyler M Keillor, Kiersten K Formoso, Lauren L Conroy, 2022, *Spinosaurus* is not an aquatic dinosaur, bioRχiv doi: https://doi.org/10.1101/2022.05.25.493395
Victoria M. Arbour, David C. Evans, 2017, A new ankylosaurine dinosaur from the Judith River Formation of Montana, USA,based on an exceptional skeleton with soft tissue preservation, 2017, ROYAL SOCIETY OPEN SCIENCE Volume4, Issue5

※上記、書籍・図録、論文の他、掲載恐竜に関して「NATIONAL GEOGRAPHIC」などのサイトや、博物館・大学などのプレスリリースも参考にしている。

土屋 健（つちや けん）

サイエンスライター。オフィス ジオパレオント代表。日本地質学会会員。日本古生物学会会員。日本文藝家協会会員。埼玉県出身。金沢大学大学院自然科学研究科で修士（理学）を取得（専門は、地質学、古生物学）。その後、科学雑誌『Newton』の編集記者、部長代理を経て、2012 年より現職。19 年にサイエンスライターとして史上初となる日本古生物学会貢献賞を受賞。近著に「生命の大進化 40 億年史」シリーズ（講談社ブルーバックス）、『古生物動物園のつくり方』『古生物水族館のつくり方』（技術評論社）など。

川崎悟司（かわさき さとし）

古生物研究家、イラストレーター。恐竜・古生物をはじめとして生物のイラストを数多く手がける。著書に『カメの甲羅はあばら骨』（SB ビジュアル新書）など。『キモイけど実はイイヤツなんです。』『カワイイけど実はアブナイヤツなんです。』（ともに KADOKAWA）ではイラストを担当。古生物・現生動物・未来動物を解説した Web サイト「古世界の住人」を運営している。

恐竜ハンター ～白亜紀の恐竜の捕まえ方～

2024年3月21日　初版発行

設定協力／土屋 健
イラスト／川崎悟司　服部雅人　くんくん　丸子博史
写真提供／神奈川県立生命の星・地球博物館　神流町恐竜センター
福島県立博物館　むかわ町穂別博物館

編集／飯倉文子
企画／上田悠人
校正・校閲／株式会社鷗来堂　パーソル メディアスイッチ BPO推進部 校閲グループ

デザイン／関根千晴　舟久保さやか（株式会社スタジオダンク）
DTP／桜井 淳

発行者／山下直久
発行／株式会社KADOKAWA
〒102-8177　東京都千代田区富士見2-13-3
電話 0570-002-301（ナビダイヤル）

印刷・製本／図書印刷株式会社

ISBN978-4-04-606354-0
C8045